C 语言程序设计
理论与教学方法研究

吴 翔

西北工业大学出版社

西安

【内容简介】 本书包括 C 语言的基本理论、C 程序上机操作系统分析、简单 C 语言程序结构设计与课堂多元评价实现、C 语言交互式可视化教学平台的设计与实现以及 C 语言教学辅助系统设计与实现共五章内容。

本书可作为从事编程工作等相关人员的参考书。

图书在版编目（CIP）数据

C 语言程序设计理论与教学方法研究 / 吴翔著. 一
西安：西北工业大学出版社, 2019.11
ISBN 978-7-5612-6584-0

Ⅰ. ①C··· Ⅱ. ①吴··· Ⅲ. ①C 语言－程序设计－教学
法－研究 Ⅳ. ①TP312.8

中国版本图书馆 CIP 数据核字(2019)第 273071 号

C YUYAN CHENGXU SHEJI LILUN YU JIAOXUE FANGFA YANJIU

C 语 言 程 序 设 计 理 论 与 教 学 方 法 研 究

责任编辑：陈 瑶		策划编辑：雷 鹏	
责任校对：梁 卫		装帧设计：吴志宇	

出版发行：西北工业大学出版社
通信地址：西安市友谊西路 127 号　　　邮编：710072
电　　话：（029）88493844，88491757
网　　址：www.nwpup.com
印 刷 者：广东虎彩云印刷有限公司
开　　本：787 mm×1 092 mm　　　1/16
印　　张：7.875
字　　数：207千字
版　　次：2019 年 11 月第 1 版　　　2019 年 11 月第 1 次印刷
定　　价：68.00 元

前　　言

随着信息技术、网络技术、计算机多媒体技术的发展，人类进入了数字化、网络化、信息化社会。C 语言是广泛使用的计算机语言，从最初的为编写 UNIX 操作系统而设计，发展到独立 UNIX 操作系统，并走出实验室为众多的人所关注的、可移植的 C 语言，再发展到现在普遍采用的标准 C 语言，使 C 语言逐渐走向通用化和标准化。由于 C 语言的简捷高效、表达能力强、使用灵活方便、运算符和数据结构丰富、生成的代码质量高以及可移植性好等优点，使得 C 语言备受人们的青睐，成为结构化程序设计语言中的佼佼者。借助 C 语言，人们开发出了很多大型的系统软件和应用软件。

以互联网为依托，现代信息技术与传统教育的深度融合，使传统教育发生了翻天覆地的变化，数字化学习、泛在学习、混合学习、移动学习等一系列新型的学习方式应运而生，促使教育走向信息化进程。C 语言作为一种非常出色的程序设计语言，至今依然在计算机教学和计算机应用程序设计中起着极其重要的作用。正因如此，许多学校将 C 语言程序设计列为学生的必修基础课程。

本书围绕 C 语言程序设计理论与教学方法展开研究，在内容编排上共设置五章，分别是 C 语言的基本理论、C 程序上机操作系统分析、简单 C 程序设计结构程序与课堂多元评价实现、C 语言交互式可视化教学平台的设计与实现以及 C 语言教学辅助系统设计与实现。

本书结构新颖，条理明晰，逻辑性强。本书以 C 语言基本理论为切入点，结合 C 语言程序的基本流程与应用实例，对 C 语言教学辅助系统设计与实现、程序模块化设计与教学研究等内容进行论述，并注意保证知识的完整性和系统性，力求帮助读者更好地掌握 C 语言程序的操作技巧及教学方法。

本书的撰写得到了许多专家学者的帮助和指导，在此表示诚挚的谢意。

由于笔者水平有限，加之时间仓促，书中所涉及的内容难免有疏漏与不够严谨之处，希望各位同行、专家多提宝贵意见，以待进一步修改，使之更加完善。

著　者
2019 年 4 月

目　　录

第一章　C 语言的基本理论

C 语言是一种非常出色的程序设计语言，它精练、灵活、应用领域广泛。本章围绕 C 语言的基本理论，对 C 语言发展历程、特点、基本结构和开发环境以及 C 语言程序的基本流程与简单应用实例进行探究。

第一节　C 语言的发展历程与特点分析

一、C 语言的发展

C 语言的出现是与 UNIX 操作系统紧紧联系在一起的。较早的操作系统(包括 UNIX 操作系统)基本上都是用汇编语言编写的，但汇编语言对硬件的依赖过强，程序的移植性比较差。为了克服这些不足，操作系统最好采用高级语言编写，但当时大多数高级语言不具备汇编语言的一些功能。因而人们迫切希望有一种语言能集高级语言与低级语言的优点于一身。这样，C 语言应运而生。

C 语言是在一台使用 UNIX 操作系统的 DEC PDP-11 计算机上首次实现的，由丹尼斯•里奇(Dennis Ritchie)设计完成。它源自 BCPL 编程语言。马丁•理查兹改进了 BCPL 语言，从而促进了肯•汤普逊(Ken Thompson)所设计的 B 语言的发展，最终使得 C 语言在 20 世纪 70 年代问世，并一直沿用至今。后来，C 语言又做了很多改进，于 1975 年公布了 UNIX 第 6 版，使人们开始关注到 C 语言所具有的各种优点。到了 1977 年，C 语言的移植开始摆脱对机器的依赖，程序在机器间的移植变得更加简便，对于 UNIX 操作系统的发展产生积极作用。随后，UNIX 操作系统开始得到普遍使用，C 语言的推广速度也大大加快。C 语言同 UNIX 操作系统相辅相成，共同得到发展。1978 年以后，C 语言已先后移植到大型、中型、小型及微型计算机上，并独立于 UNIX 平台运行。现在 C 语言已经风靡全世界，成为应用最广的几种计算机语言之一。

随着微型计算机的日益普及，C 语言也有了很多版本，但因为缺乏统一标准，各种 C 语言出现了不一致的情况。为了令此种情况有所改变，美国国家标准协会(American National Standards Institute，ANSI)为 C 语言制定了一套标准，成为现行的 C 语言标准。

随着面向对象技术和可视化程序设计的发展,在 C 语言的基础上又产生了 C++、Visual C++以及 Java、C#等程序设计语言。掌握了 C 语言，可以为以后学习 C++等面向对象及可视化程序设计语言打下坚实的基础。

目前，在计算机界比较流行的 C 语言编译系统有 Microsoft C、Turbo C、Borland C 等。尽管上述各种编译系统存在一些差异，但是它们的基本部分还是相同的。

二、C 语言的优缺点

C 语言是目前应用最广泛的高级程序设计语言之一。该语言有很多突出的优点，不过它并不是完美的，也有一些缺点。

1. C 语言的主要优点

C 语言具有如下九个方面的优点：

(1) 语言描述简洁、灵活、高效。在 C 语言中，控制语句有 9 种，标准关键字有 32 个，都是以小写字母形式出现，易读又易写。C 语言将一些不必要的成分进行压缩，所书写的程序变得更紧凑，也更加规整。

(2) 有丰富的数据类型。C 语言有着丰富的数据类型，包含 4 种基本数据类型，还可以经过组合变成多种类型，并允许使用简单的组合结构构造复杂的数据类型或直接由用户自己定义数据类型。

(3) 运算符丰富。C 语言提供了 45 种标准运算符和多种获取表达式值的方法，并提供了与地址密切相关的指针及其运算符。运算符不仅具有优先级的概念，还有结合性的概念。因此，在运算过程中，对各种表达式以及运算符灵活加以运用，可以使程序变得更加简化，使用其他语言无法进行运算的，通过此方法也可以进行运算。

(4) C 语言具有固定的标识符。变更、常量、类型以及函数的各种名字是 C 语言标识符的主要来源，这种符号只是起到一种标识性作用。C 语言共有 32 个固定的标识符，都用小写字母表示：int、long、double、float、short、char、const、static、do、if、while、else、goto、break、continue、unsighed、switch、default、struct、union、enum、sizeof、void、auto、case、extern、register、return、typedef、volatile、define、include。

(5) 提供了功能齐全的函数库。C 语言标准函数库提供了功能极强的各类函数库，例如，串、数组、结构乃至图形的处理等，只需调用一下库函数即可实现，为编程者提供了极大的方便。

(6) 具有结构化的控制语句。C 语言提供了 9 种控制语句，可以实现 3 种结构(顺序、分支和循环结构)，如 if-else、while、switch、for 等，并用函数作为程序模块，是理想的结构化程序设计语言。C 程序由具有独立功能的函数构成。函数定义是平行的、独立的，函数调用的方式既可以是递归调用，也可以是嵌套调用。程序中，一些相对复杂的功能可以通过调用函数实现，同一段内存可以被属性不同的存储数据所共享，设计程序的风格可以保持模块化特点，还可以将一些源程序较为复杂的文件进行分割，分别对这些小的源文件进行调试，加以编译，然后再进行链接，并且统一组装，让目标程序文件具有可执行性。

(7) 具有良好的通用性和程序的移植性。在 C 语言中，与硬件有关的操作都是通过调用系统提供的库函数实现的。这使得 C 语言具有很好的通用性，能够较为简便地在不同计算机之间进行移植。

(8) 生成目标代码质量高，程序执行效率高。C 语言生成目标代码的效率与汇编语言相比，一般低 10%~20%。C 语言也可以像汇编语言一样对位、字节和地址，甚至对硬件进行直接操作。也就是说，C 语言能够对语言进行汇编，功能十分强大，又没有汇编语言的难度，特别适合做底层开发。

(9) 语法限制不严格。在设计 C 语言时，设计者拥有很大的自由度。比如可以不预先检查下标越界，各种类型的变量可以通用等。

2．C语言的缺点

C 语言不具备统一、通用的标准，在语法方面也没有非常严格的限制，未能对运算符进行优先等级划分，运算符之间的结合相对复杂，记忆较为困难。另外，检测数据类型时，C 语言缺乏统一标准，在进行整体运算时，会受到相应限制。虽然设计程序有着较强的灵活性，但是其可靠性还有待进一步加强，仍需不断提升其安全性。

第二节　C 语言基本结构分析

在了解 C 语言程序之前，先通过几个实例对 C 语言程序的结构有一个初步认识。

一、C 语言程序实例

例 1-1：利用 C 语言程序计算两个整数之和。

(1) 算法分析。这是一个简单的求和运算，由于程序和数据要放到内存中才能被执行，因此，需要 3 个元素的存储空间才能存放加数、被加数与和。此处定义 a 与 b 两个变量并赋值，表示加数和被加数，定义 sum 存放 a 与 b 的和，然后输出两者之和。

(2) 程序设计。

```
1) #include<stdio.h>              //编译预处理命令
2) void main()                    //定义主函数
3) {                              //函数开始标志
4) int a，b，sum;                 //声明 a，b，sum 为整型变量
5) a=1；b=2；                     //给变量 a，b 赋初值
6) sum=a+b；                      //计算 a+b，并将结果放在变量 sum 中
7) printf("sum=%d\n"，sum);       //输出结果
8) }                             //函数结束标志
```

(3) 程序运行。程序运行结果：sum=3

(4) 程序说明。

"//"后面的语句表示注释部分，这里的注释可以使用汉字，目的是为了方便理解和使用，使用汉语拼音或是英语进行注释也是允许的。在运行以及编译过程中，注释并不发挥直接作用，只是为了增加程序的可读性，便于维护。注释可以加在程序中的任何位置。

第 1 行是以#开始的编译预处理命令，是在编译系统翻译代码前需由预处理程序处理的语句。本例中#include<stdio.h>语句是请求预处理程序将文件 stdio.h 包含到程序中，作为程序

的一部分。

第 2 行中，main 是函数名，通常要将一对圆括号置于函数名之后，用于对形式参数进行定义，但也可以省略括号。main()前面的 void 表示函数值的类型是 void 类型(空值类型)。

第 3 行和第 8 行分别是函数的开始和结束标志。

第 4 行是变量声明部分，将变量 a，b 和 sum 定义为整型(int)变量。

第 5 行是两个赋值语句，使变量 a 和 b 的值分别为 1 和 2。

第 6 行求和，使 sum 的值为 a+b。

第 7 行为输出语句，使用标准输出函数 printf，以指定格式输出变量 sum 的值。"%d"表示以十进制整数形式输出 sum 的值。sum 作为需要进行输出的变量，通常位于中括号中的右侧，1+2 的值为 3，所以要将此行信息输出为 sum=3。在进行输入或输出时，其数据格式以及类型可以用"%d"指定。

例 1-2：利用 C 语言程序求两个数中的较大值。

(1) 算法分析。求两个数较大值，可以事先定义两个变量并赋初值后，将两个数进行比较，并输出较大的数。也可以将求两个数较大值的过程用自定义函数来实现，可以供不同的函数调用，更具有通用性。此处以调用自定义函数的方式实现求两个数较大值，分析 C 语言中函数的主要用法。

(2) 程序设计。

```c
#include<stdio.h>                    //编译预处理命令
void main()                         //告诉编译器，C 程序由此开始执行
 {                                  //程序执行开始
int max(int x，int y);             //对被调用函数 max 的声明
int a，b，c;                       //声明 a，b，c 为整型变量
printf("请输入 a，b 的值：")       //在屏幕上显示"请输入 a，b 的值："
scanf("%d, %d", &a, &b)            //用键盘输入 a，b 的值
c=max(a，b);                       //调用 max 的函数值，并赋值给 c
printf("较大值是：%d", c);         //输出 a，b 比较后的结果
 }                                  //程序执行结束
//以下是用户自定义函数，求两个整数中的较大值的 max 函数
int max(int x，int y)              //定义 max 函数，函数值为整型
 {                                 //声明 z 为整型变量
int z;
if(x>y) z=x;                       //如果 x>y 成立，则将 x 的值赋给 z
else z=y                           //如果 x>y 不成立，则将 y 的值赋给 z
return z;                          //将 z 的值返回给函数 max
```

(3) 程序运行。程序运行结果如下。

第一次运行结果：请输入 a，b 的值：15，25 较大值是：25

第二次运行结果：请输入 a，b 的值：8，-5 较大值是：8

例 1-1 中的 C 语言程序仅由一个 main 函数构成，它相当于其他高级语言中的主程序；例

1-2 是由一个 main 函数和一个其他函数 max(自定义的函数)构成，函数 max 相当于其他高级语言的子程序。

二、C语言程序的主要结构

函数是一个独立的程序块，可以相互调用，但不能相互嵌套，并且 main 函数以外的任何函数只能由 main 函数或其他函数调用，无法独立加以运行。

函数通常由两部分组成：一是函数体；二是首部。以下是函数的一般格式：

[函数类型]函数名([函数形式参数表])
　　｛
　　数据说明部分；
　　函数执行部分；
　　｝

(1) 函数首部，即函数的第一行。第一行所包含的内容主要有函数的名称、返回值的具体类型、形式参数的名称以及形式参数的具体类型。例如，例 1-2 中的 max 函数的首部为 int max(int x，int y)，分别表示函数返回值为整型，函数名为 max，有两个分别定义的整型形参 x 和 y。

将一个圆括号跟在函数名之后，函数的参数名称以及类型被列在括号之内。若缺少参数，则将 void 标在括号之内，也可以是空括号，如 main(void)或 main()。

(2) 函数体，即函数首部下面的大括弧 ｛…｝ 内的部分。若有多个大括弧包含在函数内，那么函数体的范围是位于最外层的一对大括弧。

函数体通常包括两部分：一是数据说明。这部分包含外部变量的相关说明、自定义函数的相关说明以及函数的变量定义等，其中最主要的是关于变量的定义。二是函数的执行部分。这是一些可用于执行的语句共同构成函数的执行部分。但在一些特殊情况下，可不设用于声明的部分，而且有时执行部分和声明部分均不设置。

第三节　C语言程序的基本流程与简单应用实例

一、C语言程序的基本流程

（一）上机过程

一个 C 语言程序的上机过程一般为编辑→编译→链接→执行。

(1) 编辑。使用一个文本编辑器编辑 C 语言源程序，并将其保存为文件扩展名为 ".c" 的文件。

(2) 编译。将编辑好的 C 语言源程序翻译成二进制目标代码的过程。编译过程由 C 语言编译系统自动完成。编译时首先检查源程序的每一条语句是否有语法错误，当发现错误时，就在屏幕上显示错误的位置和错误类型信息，此时要再次调用编辑器进行查错并修改，然后再进行编译，直到排除所有的语法和语义错误。正确的源程序文件经过编译后,在磁盘上生成同名的目标文件(.obj)。

(3) 链接。将目标文件和库函数等链接在一起形成一个扩展名为"·exe"的可执行文件。如果函数名称写错或漏写包含库函数的头文件,则可能提示错误信息,从而得到程序错误数据。

(4) 执行。C 语言程序可以在操作系统中直接运行，而不一定要在编译系统中进行。如果通过程序的执行达到预设的相关目的，那么意味着 C 程序的开发工作顺利完成，如果未达到预期目的，则需要对源程序继续进行修改，直至结果完全正确。

C 语言是一种非常灵活的编程语言，"灵活"固然好，可是对初学者而言往往找不到错误的所在。C 编译程序对语法的检查不如其他高级语言严格，要由程序设计者自己保证程序的正确性。因此需要不断地积累，提高程序设计和调试程序的水平。

学习 C 语言没有捷径，只有在学好课本知识的基础上，经过大量的上机练习才能真正掌握它。C 语言的编程环境有多种，本书以 Visual C++6.0(简称 VC++6.0 或 VC++)为例解读 C 语言程序的具体上机步骤[39]。

(二) 上机步骤

1. 源程序编辑和保存的步骤

(1) 新建源程序。在 VC++开发环境主窗口选择 File(文件)|New(新建)命令，弹出一个New(新建)对话框。单击对话框上方的 Files(文件)选项，在其左侧列表中选择 C++Source File项，然后分别在右侧的文本框 File(文件)和 Location(位置)中输入准备编辑的源程序存储路径和文件名(如 lxl-1.c)[7]。

需要注意的是，文件的扩展名一定要用.c，以确保系统将输入的源程序文件作为 C 文件保存。否则，系统默认为 C++源文件(默认扩展名为.cpp)。在开发环境右侧的编辑区输入相关程序代码并保存。

(2) 打开已存在文件。在 VC++开发环境主窗口选择 File|Open 命令，或按 Ctrl+O 键，此时可通过打开文件对话框选择要装入的文件名；也可以直接在"我的电脑"中按路径找到已有的 C 程序名(如 lxl-1.c)，双击此文件名，则进入 VC++集成环境，并打开此文件，编辑区中显示相应程序可供修改。

Open 命令可打开多种文件，包括源文件、头文件、各种资源文件、工程文件等，并打开相应的编辑器，使文件内容在工作区显示出来，以供编辑修改[13]。

(3) 保存文件。在 VC++开发环境主窗口选择 File(文件)|Save(保存)命令，将修改后的程序保存在原来的文件中。

2. C 语言源程序的编译

程序全部或部分编写完成后需进行编译后才能运行。程序编译后可能会出现一些语法错误，需要根据 Output 窗口中的提示信息对程序进行重新修改，直到编译后不再出现错误为止。

单击 Build(组建)菜单，在其下拉菜单中选择 Compilelxl-1.c(编译 lxl-1.c)，这是一个编译程序的过程。在此过程中，会出现一个建立默认工作区提示的对话框，此时需要点击"是"这个选项,随后会继续出现一个对话框,系统会提示是否对 C 文件进行保存,此时需要点击"是",接下来当前的程序开始进行编译。若编译的程序全部正确,没有语法等方面错误,则 VC++窗口出现"lxl-1.obj-0error(s), 0warning(s)"的提示信息,并生成扩展名为.obj 的目标文件。

3．C 语言程序的链接

选择 Build(组建)菜单下的 Build(组建)命令,即可进行链接操作,信息窗口显示链接相关信息,若出现错误,按照错误信息修改源文件后重新编译、组建,直到生成.exe 可执行文件。

4．程序的运行和关闭

(1) 程序运行。当程序编译、链接均提示无错误信息(0 error(s))后,选择 Build 菜单下的"执行 lxl-1.exe"命令,也可以按下相应的快捷键 Ctrl+F5,无论哪种发布指令方式,都能启动程序运行,并且将程序输出的相应结果显示在屏幕之上,此时用户按下任意键都会令系统返回到编辑的状态,表明整个 C 语言的执行已完全结束。

(2) 关闭工作空间。选择 File(文件)中的 CloseWorkspace(关闭工作空间)命令,在弹出的对话框中单击"是"按钮,退出当前程序。

需要注意的是,调试完程序后重新编写新的程序,一定要用 File|CloseWorkspace 命令关闭工程文件,否则,编译或运行时总是原来的程序。

二、C 语言的简单应用实例解析

例 1-3：下列 C 语言程序的功能是在屏幕上显示以下信息。

```
*****************************
*   学生成绩管理信息系统    *
*                          *
*   研制者   王利民         *
*****************************
```

(1) 算法分析。
本例只需要使用 printf 函数输出相应的字符串即可。
(2) 程序设计。

```
#include<stdio.h>                    //包含标准输入/输出头文件
void main()                         //主函数
 {                                  //下面用 5 个输出函数输出 5 个字符串
printf("*****************************\n");
printf("* 学生成绩管理信息系统        *\n");
printf("*                           *\n");
printf("* 研制者   王利民            *\n");
printf("*****************************\n");
 }
```

(3) 程序运行。

按照上机步骤，经过编辑、编译、链接、执行后得到运行结果。

例 1-4：已知地球的赤道半径为 6 378 千米，求地球赤道的长度及地球的表面积。

(1) 算法分析。

设地球的赤道半径为 r，地球赤道的长度为 l，地球的表面积为 s，则地球赤道的长度 $l=2\pi r$，地球的表面积 $s=4\pi r^2$。

(2) 程序设计。

```
#include<stdio.h>                              //预处理命令
void main()                                    //主函数
 {                                             //程序开始
float r, l, s;                                 //变量声明
r=6378;                                        //给半径 r 赋值为 6 378
l=2*3.14159 * r;                               //求地球赤道的长度
s=4 * 3.14159 * r * r;                         //求地球的表面积
printf("地球赤道的长度为：%f 千米\n", l);        //输出地球赤道的长度
printf("地球的表面积为：%f 平方千米\n", s);       //输出地球的表面积
 }                                             //程序结束
```

(3) 程序运行。

按上述上机步骤，经过编辑、编译、链接、执行后，得到运行结果。

地球赤道的长度为：40074.121094 千米。

地球的表面积为：511185504.000000 平方千米。

第二章 C程序上机操作系统分析

从当前的计算机编程分析来看，C语言是一种通用语言，具有重要的现实作用，被广泛地应用于计算机的各类编程当中，对计算机新领域的开拓也有重要的帮助。本章重点论述C程序的上机操作、上机实验目的与任务分析以及课堂上机实验教学指导。

第一节 C程序的上机操作概述

一、C程序的上机

C语言是一种编译型的程序设计语言，同时实行把源程序翻译为目标程序之后而采取的编译方法。另外，运行一个C程序，要经过编辑源程序文件(.c)、编译生成目标文件(.obj)、链接生成可执行文件(.exe)和执行4个步骤。

编辑与编译、调试与链接、文件管理与运行构成整体的集成开发环境。该环境由C语言繁多的编译器工具所供给，其中，Turbo C 2.0和Visual C++6.0等运用非常多。此外，对以上步骤，不同版本的C集成环境操作会有所不同。

在编译环境中能够兼容C语言的是Visual C++6.0，本书对Visual C++6.0的运行方法做详细解释。Visual C++6.0有英文版和中文版两种版本，它们的功能都是一样的，读者可自行选择。读者需要掌握在VC环境下编辑、编译、调试、运行C语言程序的方法。

二、Visual C++6.0集成环境

(一) Visual C++6.0集成环境的启动与窗口

Windows环境中Visual C++6.0启动方式和普通Windows程序的启动是相同的并且十分简单。首先于任务栏中单击"开始"按钮，接着把Visual C++6.0图标在弹出的菜单中找出之后单击即可。

源代码编辑窗口、输出窗口、工作区窗口与状态栏、工具栏、标题栏以及菜单栏是Visual C++6.0工作界面的重要构成。标题栏位于屏幕的最顶端，显示所展开的文件名以及应用程序名。标题栏的下面是菜单栏和工具栏。工具栏的下面是两个窗口，左边是工作区窗口，右边是源代码编辑窗口。输出窗口在源代码编辑窗口以及工作区窗口下方，其重要的作用是把错误的信息于项目成立过程中生成显现。状态栏位于屏幕最下端，在输出窗口底下。

(二) Visual C++6.0菜单栏

Visual C++6.0的菜单栏由以下几个菜单项组成。

(1) File 菜单。File 菜单中主要包含对文件进行操作的相关命令,其功能描述见表 2-1[10]。

表 2-1　File 菜单中各命令的功能描述

命令	功能描述
New	重新建立工作区、其余文档、工程以及文件
Open	开启现有文件
Close	关闭活动窗口当中展开的文件
Open Workspace	展开工作区文件
Save Workspace	保存开启的工作区
Close Workspace	关闭展开的工作区
Save	保留目前活动窗口中的文件
Save As	更名并保留目前活动窗口中的文件
Save All	保留全部窗口文件内容
Rename	更换选择的文件名称
Page Setup	用于设置打印格式
Print	打印当前活动窗口内的文件或选定内容
Recent Files	选择该命令将打开级联菜单,其中包含最近打开的文件名,用鼠标单击可直接打开相应的文件
Recent Workspaces	选择该命令将打开级联菜单,其中包含最近打开的工作区名,用鼠标单击可直接打开相应的工作区
Exit	用于退出 Visual C++6.0 开发环境

(2) Edit 菜单。Edit 菜单中主要包含有关编辑和搜索的命令,其功能描述见表 2-2。

表 2-2　Edit 菜单中各命令的功能描述

命令	功能描述
Undo	取消最近一次的编辑、修改操作
Redo	重复 Undo 命令取消的操作
Cut	将当前活动窗口内选定的内容复制到剪贴板中,并删除选定的内容
Copy	将当前活动窗口内选定的内容复制到剪贴板中
Paste	在光标当前所在位置插入剪贴板中的内容
Delete	删除选定的内容
Select All	选择当前活动窗口内的所有内容
Find	在当前活动文件中查找指定的字符串
Find in Files	在多个文件中查找指定的字符串
Replace	替换指定的字符串
Go To	将光标定位到当前活动窗口的指定位置
Bookmarks	设置或取消书签,书签可以用来在源文件中做标记
ActiveX Control in HTML	编辑 HTML 文件中的 ActiveX 控件
HTML Layout	编辑 HTML 布局
Advanced	选择该命令将弹出级联菜单,其中包含一些用于编辑或修改的高级命令
Breakpoints	用于设置、删除和查看断点

(3) View 菜单。View 菜单中包含了 ClassWizard、源代码检查和调试信息的有关命令，其功能描述见表 2-3。

表 2-3　View 菜单中各命令的功能描述

命令	功能描述
ClassWizard	ClassWizard 是 MFC 中专用的类管理工具，主要用于创建新类、处理消息映射、创建与删除消息处理函数，以及定义和对话框控件相关联的成员变量等
Resource Symbols	打开资源符号浏览器，浏览和编辑资源符号
Resource Includes	修改资源符号文件名和预处理器指令
Full Screen	以全屏幕方式显示当前活动文档，按 Esc 键返回
Workspace	显示工作区窗口
Info Viewer Topic	显示 InfoViewer 主题窗口
Results List	显示结果列表窗口，从中可以快速跳转到以前查阅的某一主题内容
Output	显示程序编译、链接等过程中的有关信息（如错误信息等），并显示调试、运行时的输出结果
Debug Windows	选择该命令将弹出级联菜单，其中包含的命令用于显示调试信息窗口，只有在调试状态时才可用
Refresh	刷新选定的内容
Properties	设置或查看对象的属性

(4) Insert 菜单。Insert 菜单中主要包含有关创建新类、创建新资源、插入文件或资源以及添加新的 ATL 对象到项目中等命令，其功能描述见表 2-4。

表 2-4　Insert 菜单中各命令的功能描述

命令	功能描述
New Class	创建新类，加入到当前工程中
Resource	创建新的资源或插入资源到资源文件中
Resource Copy	复制选定的资源
File As Text	插入文件到当前的活动文档中
New ATL Object	启动 ATL Object Wizard，以添加新的 ATL 对象到项目

(5) Project 菜单。Project 菜单中主要包含管理工程和工作区的命令，其功能描述见表 2-5。

表 2-5　Project 菜单中各命令的功能描述

命令	功能描述
Select Active Project	选择指定的工程为工作区中活动的工程
Add To Project	选择该命令将弹出级联菜单，其中包含的命令主要用于添加文件、文件夹、数据链接及可再用部件到工程中
Dependencies	编辑项目的依赖关系
Settings	为工程指定不同的设置选项
Export Makefile	按外部 Make 文件格式导出可建立的工程
Insert Project into Workspace	插入已有的项目到工作区中

(6) Build 菜单。Build 菜单中主要包含关于创建、编译、调试及执行应用程序的命令，其功能描述见表 2-6。

表 2-6　Build 菜单中各命令的功能描述

命令	功能描述
Compile	活动源文件于源代码窗口内编译
Build	查看工程中的所有文件，并对最近修改过的文件进行编译和链接
Rebuild All	对所有文件重新进行编译以及链接
Batch Build	一次创建多个工程
Clean	项目的输出文件以及中间文件的清除
Update All Dependencies	工程项目内文件的依附关联的更换
Start Debug	该命令将弹出级联菜单，其中主要包含有关程序调试的一些命令
Debugger Remote Connection	实行编辑的是远程调试链接的配置
Execute	应用程序的启动
Set Active Configuration	活动工程的设置即 Win32 Debug 或 Win32 Release 的挑选
Configurations	工程设置的编辑
Profile	检验程序运行的工具就是剖视器(Profile)，同时借助它还能把代码内高效的部分检验出来以及要求重点检验的部分

(7) Debug 菜单。Build 菜单被 Debug 菜单替代，是因程序处在调试状态，而一些关于调试的命令包含在 Debug 菜单内，表 2-7 描述了它的性能。

表 2-7　Debug 菜单中各命令的功能描述

命令	功能描述
Go	在调试过程中，从当前语句启动或继续执行至断点为止
Restart	重新调试、执行程序
Stop Debugging	从调试过程离开
Break	程序执行于目前位置停顿
Step Into	函数执行到某一函数调用语句时加入函数内部，同时从函数的第一条语句着手，即单步执行程序
Step Over	程序执行某一函数调用语句时而不加入函数内部，即单步执行程序
Step Out	与 Step Into 配合使用，可以跳出 Step Into 进入的函数内部
Runto Cursor	程序运转到光标所在方位时终止
Step Into Specific Function	规定的函数由单步执行
Exceptions	弹出 Exceptions 对话框，显示与当前程序有关的所有异常
Threads	弹出 Threads 对话框，显示及管理与当前程序有关的所有线程
Show Next Statement	显示正在执行的代码行
QuickWatch	更正及查看变量和表达式

(8) Tools 菜单。菜单与工具栏的制定、常用工具的激活以及程序符号的浏览等命令主要包含在 Tools 菜单中。以下对其中几个常用命令进行探讨。

1) Source Browser 命令：在默认情况下，建立新的工程时，编译器会自动创建 SBR 文件保存项目中各程序文件的有关信息。再由 BSCMAKE 实用程序将这些 SBR 文件汇编成单个的浏览信息数据库，该数据库文件的扩展名为 BSC。

2) Close Source Browser File 命令：用于关闭打开的浏览信息数据库。

3) Spy++命令：用于给出系统的进程、线程、窗口和窗口消息的图形表示。使用 Spy++可以查看系统对象(如进程、线程和窗口等)之间的关系，搜索指定的系统对象，查看系统对象的属性等。

4) Customize 命令：选择该命令将打开 Customize(定制)对话框，可以对命令、工具栏、Tools

菜单和键盘加速键进行定制。

5) Options 命令：主要用于对 Visual C++6.0 集成环境进行设置(如源代码编辑器、格式设置、调试器设置、兼容性设置、目录设置、工作区设置等)。

(9) Window 菜单。控制窗口的关闭以及排列方式等与窗口属性相关的命令主要包含在 Window 菜单中，其功能描述见表 2-8。

表 2-8　Window 菜单中各命令的功能描述

命令	功能描述
New Window	打开当前活动文档的一个新窗口
Split	将窗口拆分为多个面板，以便查看同一文档的不同地方
Docking View	打开或关闭窗口的 Docking 特征
Close	关闭选定的活动窗口
Close All	关闭所有打开的窗口
Next	激活下一个窗口
Previous	激活上一个窗口
Cascade	将当前所有打开的窗口在屏幕上向下重叠排放
Tile Horizontally	将当前所有打开的窗口在屏幕上纵向平铺
Tile Vertically	将当前所有打开的窗口在屏幕上横向平铺
Windows	打开 Windows 对话框，管理当前打开的窗口

(10) Help 菜单。Visual C++6.0 工作平台采用标准的 Windows 帮助机制，为用户提供了方便的联机帮助系统。

(三) Visual C++6.0 工具栏

工具栏通常对应于某些菜单命令，可以直接通过单击工具栏按钮来执行相应的命令。工具栏按钮的运用和菜单命令的运用相比愈加直接并快速。光标在工具栏上任一按钮的上方停顿，按钮会显示凸起的形态，并显示对该按钮的简洁描述。

Visual C++6.0 包含十多种工具栏，但仅默认显示 Build 工具栏以及 Standard 工具栏。

第二节　上机实验目的与任务分析

一、上机实验的目的

程序设计是一门实践性很强的课程，特别是 C 语言灵活、简捷的特性，加上它的语法检查不太严格，更需要通过上机实践来掌握。学生除了完成教师指定的上机实验内容以外，在课余时间要多上机操作。在学习的过程中，仅仅能看懂设计好的程序是不够的，还要了解和掌握程序设计的具体过程和原理，需要具备程序编写的能力，能够独立地对相关程序进行调试，并对程序的运行结果进行独立分析。

之所以要上机进行实验，目的不仅在于对所学的课程进行验证，对自己编写的程序进行正确性检测，还需要达到以下几方面的目的。

(一) 加深对课堂讲授内容的理解

对于知识点，即便是在课堂上听懂了，通过上机实验后会发现原来的理解有些偏差；还有一些知识点可能要通过上机才能体会和掌握[8]。只有通过上机才能检验自己编写的程序是否能得到自己所分析的正确的结果。

通过上机实验来验证自己编写的程序是否正确，是大多数学生初学 C 语言的做法。但是，不能只停留在这一步，而应该多进行总结与思考。通过不断地上机实验、不断地总结，才能加深对 C 语言的理解，才能提高自己对知识的掌握和思维的扩展，最终提高开发能力，因为算法之精妙、程序结构之清晰、界面之友好、容错性之高永远是程序员追求的目标。

(二) 熟悉程序开发环境

只有具备相应的、适当的环境，才能顺利完成 C 语言的编辑、程序的编译、系统的链接以及程序的运行。这里所说的"环境"是指计算机运行时所使用的软件及硬件配置。每个计算机系统都有着自己不同的操作方法，系统功能也各不相同，但是只要掌握了其中几种，便可触类旁通。

(三) 学会上机调试程序

上机调试程序看似是很简单的过程，但要快速地找出原因却不容易，特别是代码多的源程序。所以学会上机调试程序，要善于发现程序中的错误，并且能很快地排除这些错误，最终使程序能够正确地运行，同时要学会分析运行的结果。经验丰富的编程者在编译和链接过程中出现"出错信息"时，一般能很快地判断出错误所在并改正，而缺乏经验的人即使在明确的"出错提示"下也难以找出错误。

调试程序本身是程序设计课程的一个重要的内容和基本要求，是一个技巧性很强的工作，调试程序的能力是每个程序设计人员应当掌握的一项基本功。在对程序进行调试的过程中，虽然可以对已有经验加以借鉴，但是根据自己的实践总结出的经验，显得更加重要。

因此，上机实验时不能只满足于程序通过，有正确结果就行，因为即使运行结果正确，也不等于程序质量高，也不能保证有非常完善的程序。当结果正确时，可以开始着手改进程序，比如对一些参数进行修订，将一些扩展功能增加到程序之中，对一些数据类型进行调整，对输入方法做出改变，等等，再进行编译、链接、运行、调试、测试，不断地观察和分析所出现的问题，同时要做好实验结果的记录及分析。

二、上机实验的任务

(一) 上机实验的准备工作

在上机进行实验之前，需要提前做好相关准备工作，以保证学习和实验的效率。这些准备工作包括如下内容：

(1) 了解并熟悉 C 语言编译系统的相关性能，掌握计算机系统的使用方法。

(2) 熟悉实验的具体内容，掌握相关的教学内容。

(3) 提前将上机时将要用到的源程序准备好，这点非常重要。要根据教师预先安排的实验内容，分析上机时遇到的问题，编写适当程序，选择出更实用的计算方法。上机前一定要仔细检查源程序直到找不到语法和逻辑方面的错误。

(4) 分析可能遇到的问题，找到解决问题的对策，对程序中有疑问的应做好笔记，以便上机时予以留意。

(5) 要特别准备几组测试数据及预期的正确结果。

(二) 上机实验报告的撰写要求

上机实验结束后，学生应当及时写出实验报告。以下几项是实验报告所应包括的内容：

(1) 实验目的和要求。

(2) 实验环境、内容和方法。

(3) 实验过程描述。包括实验步骤、实验数据类型的说明(如结构体、枚举等)、功能的设计和源程序等。

(4) 实验结果。实验结果包括以下内容：程序运行的相关结果、实验所用到的原始数据以及对于实验结果的说明与注释。

(5) 实验小结。实验小结包括实验过程中的心得体会、经验的总结、失误点的分析与思考等。

第三节　课堂上机实验教学指导

一、数据类型、运算符、表达式及简单 C 程序上机

(一) 目的要求

(1) 对于在计算机上运行 C 程序的整个过程熟练加以掌握。

(2) 对 Visual C++集成环境熟练加以使用。

(3) 对 Visual C++的相关调试功能做到初步掌握。

(4) 对于数据输入以及输出的方法熟练加以掌握，对不同格式的转换符进行正确使用。

(二) 上机实习指导

(1) 交换两个变量的值。

```c
#include<stdio.h>
main()
{   int a=2，b=3，temp;
    temp=a;
    a=b;
    b=temp;
    printf("a=%d，b=%d"，a，b);
```

```
}
```

通过本例掌握采用 Visual C++实现编辑、编译、链接和运行 C 程序上机操作的全过程。

(2) 输入三角形的边长 *a*，*b*，*c*，求三角形的面积 area。

$$area=\sqrt{s(s-a)(s-b)(s-c)}$$

其中：$s=(a+b+c)/2$。

```
#include<math.h>
main()
{
    float a, b, c, s, area;
    scanf("%f, %f, %f", &a, &b, &c);
    s=1/2*(a+b+c);
    area=sqrt(s*(s-a)*(s-b)*(s-c));
    printf("area=%7.2f\n", area);
    printf("a=%7.2f, b=%7.2f, c=%7.2f, s=%7.2f\n", a, b, c, s);
}
```

1) 上机运行此程序，运行时输入：

3，4，6

看看结果是不是如下：

area=5.33

a=3.00，b=4.00，c=6.00，s=6.50

若运行结果出现了错误，则需要查找出具体原因，对程序进行改进，然后重新启动运行，直至运行正常。

2) 初步学会分析程序、查错和排错的基本方法。

(3) 输入并运行下列程序。

```
#include<stdio.h>
main()
{
    int i, j, m, n;
    i=8;
    j=10;
    m=++i;
    n=j++;
    printf("%d, %d, %d, %d ", i, j, m, n);
}
```

按照下列要求修改并运行程序，同时采用单步调试法查看变量 i, j, m, n 值的变化。

1) 将第 7 行和第 8 行改为

m=i++;

n=++j;

再运行。

2) 将程序改为

```
#include<stdio.h>
main()
{
    int i，j；
    i=8；
    j=10；
    printf("%d，%d"，i++，j++);
}
```

3) 在 2)的基础上，将 printf 语句改为

```
printf("%d，%d"，++i，++j);
```

4) 再将 printf 语句改为

```
printf ("%d，%d，%d，%d，" i，j，i++，j++);
```

5) 将程序改为

```
#include<stdio.h>
main()
{
    int i，j，m=0，n=0；
    i=8；
    j=10；
    m+=i++；n-=--j；
    printf("i=%d，j=%d，m=%d，n=%d"，i，j，m，n);
}
```

(4) 输入并运行下列程序。

```
#include<stdio.h>
main()
{
    int a，b；
    unsigned c，d；
    long e，f；
    a=100；
    b=-100；
    e=50000；
    f=32767；
    c=a；
    d=b；
```

```
        printf("%d，%d\n"，a，b);
        printf("%u，%u\n"，a，b);
        printf("%u，%u\n"，c，b);
        c=a=e;
        d=b=f;
        printf("%d，%d\n"，a，b);
        printf("%u，%u\n"，c，d);
}
```

按照运行的具体结果做出相应分析:

1) 如果将一个负整数赋给一个无符号的变量，会有什么样的结果?

2) 若整型变量被赋予一个比 32 767 大的长整数，会有什么样的结果?

3) 若一个无符号变量被赋予一个长整数，会有什么样的结果?

(三) 上机练习

(1) 求长方体的体积。

(2) 静态分析以下程序的运行结果，然后上机验证。

```
main()
{
        int a=3，b=4，c=5，x，y，z;
        x=c，b，a;
        y=!a+b<c&&(b!=c);
        z=c/b+((float)a/b&&(float)(a/c));
        printf("\nx=%d，y=%d，z=%d"，x，y，z);
        x=a||b--;
        y=a-3&&c--;
        z=a-3&&b;
        printf("%d，%d，%d，%d，%d "，a，b，c，x，y，z);
}
```

(3) 输入三角形的两条边长 b 和 c 以及这两条边的夹角 A(以度为单位),求另一条边长 a(余弦定理)。

二、分支程序

(一) 目的要求

(1) 熟悉逻辑表达式以及运算符的表示方法。

(2) 了解并掌握选择结构程序以及设计方法。

(3) 熟练掌握 if 语句和 switch 语句。

(二) 上机实习指导

(1) 有 3 个整数 a、b、c，由键盘输入，输出其中最大的数。

```
main()
{
    int a，b，c；
    printf("请输入三个整数：")；
    scanf("%d，%d，%d"，&a，&b，&c)
    if(a<b)
    if(b<c)
    printf("max=%d\n"，c)；
    else
    printf("max=%d\n"，b}；
    else if(a<c)
    printf("max=%d\n"，c)；
    else
    printf("max=%d\n"，a)；
}
```

按照以下步骤实习和思考：

1) 程序中使用了 if 语句的嵌套结构，对该程序进行编译、链接和运行，并输入 3 个数：12、34、9，查看运行结果是否正确。

2) 体会以下程序的运行有何不同。

```
main()
{   int a，b，c，max；
    scanf("%d，%d，%d"，&a，&b，&c)；
    max=a；
    if(b>max)
    max=b；
    if(c>max)
    max=c；
    printf("max=%d\n"，max)；
}
```

(2) 以下程序是输入 x 的值，计算 $y1$ 和 $y2$ 的值。

$$\begin{cases} y1=2/x, y2=3/x & (x<0) \\ y1=0, y2=0 & (x=0) \\ y1=2x, y2=3x & (x>0) \end{cases}$$

```
main()
{
    float x，y1，y2；
    printf("\n x=?");
    scanf("f%"，&x);
    if(x<0)y1=2/x；y2=3/x；
    else if(x=0)yl=0；y2=0；
    else y1=2*x；y2=3*x；
    printf("\n yl=%5.2f, y2=%5.2f "，y1，y2);
    getch();
}
```

(3) 以下是用 switch 语句实现对学生成绩划分等级的程序。

分级原则：score≥90：A 级。

80≤score<90：B 级。

70≤score<80：C 级。

60≤score<70：D 级。

score<60：E 级。

```
main()
{   int score；
    printf("\n score=?");
    scanf("%d"，&score);
    switch(score/10)
    {
        case 9：
        case 10：printf("\nA");
        case 8：printf("\nB");
        case 7：printf("\nC");
        case 6：printf("\nD");
        default：printf("\nE");
    }
getch();
}
```

按照以下步骤实习和思考：①分析程序中的 switch 结构。②输入并运行程序，用不同的分数去检验运行结果。如果结果不正确，试找出原因，改正后重新运行，直到结果正确为止。③试用 if 语句实现以上成绩划分等级问题，并比较两种用法的优缺点。

（三）上机练习

(1) 输入 4 个任意整数，然后按从小到大的顺序输入坐标点(*x*, *y*)，输出该点所在的象限。

(2) 计算器程序：用户输入运算数和四则运算符，输出计算结果。

(3) 假设有 12 个小球，其中一个球的重量与其他 11 个球的重量不同，但不知道是轻还是重。现在需要用天平称这些小球的重量，次数为 3 次，通过称量找出这个与众不同的小球，并指出它比标准球是轻还是重。这个过程要满足两方面要求：一是在编写程序时要使用嵌套的选择结构；二是在对程序进行调试时，必须把 12 个球或轻或重共 24 种可能性都找出来。

(4) 编写程序，根据输入的 x 值，计算 z 的值并输出。

$$z = \begin{cases} 3x+5 & (1 \leqslant x < 2) \\ 2\sin x - 1 & (2 \leqslant x < 3) \\ \sqrt{1+x^2} & (3 \leqslant x < 5) \\ x^2 - 2x + 5 & (5 \leqslant x < 8) \end{cases}$$

三、循环结构的初步运用

(一) 目的要求

(1) 要熟练掌握 for 语句、do…while 语句以及 while 语句相互间进行循环的具体方法。
(2) 具备循环程序设计的相关能力。
(3) 掌握循环程序设计中的一些基本算法及设计技巧，如递推法、穷举法等。
(4) 掌握多重循环的使用。

(二) 上机实习指导

(1) 将正整数 k 输入其中，得出 k 的位数，按照相反的顺序将数字列举出来。

```
main()
{    int k，n=0；
     printf("\n k=?");
     scanf("%d"，&k);
     printf("\n");
     while(k>=10)
     {
         printf("%d"，k%10);
         k/=10;
         n++;
     }
     printf("%d"，k);
     printf("\n n=%d"，n+1);
     getch();
}
```

按照以下步骤实习和思考：①上机运行程序并分析结果。②若输出 56789，能否得出正确结果？若结果错误，应当查找出具体原因，然后进行修改，待修改完成重启运行，直至获得正确结果。

(2) 求 n!。

```
main()
{   int n, s;
    printf("\n n=?");
    scanf("%d", &n);
    s=n;
    if(n==0)s=1;
    else for(; -n; )s*=n;
    printf("\n s=%d", s);
    getch();
}
```

按照以下的步骤实习和思考：①在计算机上对相关程序加以运行，对运行的结果做出分析。②将程序输入至计算机中，并分别输入 3，5，8 去运行程序，对比计算结果是否存在问题。如果存在问题，要找出引起错误的具体原因，对这些问题进行修改和解决，直至全部正确为止。正确结果应是 3!=6，5!=120，8!=40 320，用单步跟踪观测 for 语句的执行过程。③还可以用其他语句实现并用单步跟踪方法分析语句的执行过程。

(3) 用递推法计算 $s=\sum_{i=1}^{n} t_i=\sum_{i=1}^{n} \dfrac{x^n}{i!}$ 的值。

所谓递推法，其基本思想就是利用前一项的值推算出当前项的值。按照题意，递推公式如下：

$$s=t_1+\sum_{i=2}^{n} \dfrac{x^{i-1}}{(i-1)!} \cdot \dfrac{x}{i}=t_1+\sum_{i=2}^{n} t_{i-1} \cdot \dfrac{x}{i}$$

其中：$t_1=x$。

根据以上递推公式，编程如下。

```
main()
{
    int i, n;
    float s, t, x;
    printf("\n n, x=?");
    scanf("%d, %f", &n, &x);
    t=x; s=x;
    for(i=2; i<n; i++)
    {
        t=t*x/i;                              /*递推公式*/
        s+=t;
    }
printf("\n s=%f", s);
```

```
}
```

按照以下步骤实习和思考：①分析程序，分析递推算法的实现过程，体会递推算法的优缺点。在该程序中，语句"t=t*x/i"是实现递推的关键。其中，右边的 t 代表前一项 t_i-1 的值，左边的 t 代表当前项的值。②修改程序，计算 $s - \sum_{i=1}^{n} \dfrac{1}{i!}$ 的值。

(4) 试编程，用穷举法求 1 000 以内的所有阿姆斯特朗数。提示：阿姆斯特朗数指的是数字的三次方和等于一个正整数。

所谓穷举法，就是列举出所有可能的情况，逐个判断找出符合条件的解。在程序设计中往往使用多重循环实现。

```c
#include<stdio.h>
main()
{
    int i，t，k，a[3];
    printf("There are follwing Armstrong number smaller than 1000：\n");
    for(i=2；i<1000；i++)               /*穷举要判定的数 i 的取值范围 2~1000*/
    {
        for(t=0，k=1000；k>=10；t++)     /*截取整数 i 的各位(从高向低位)*/
        {
            a[t]=(i%k)/(k/10);           /*分别赋予 a[0]~a[2] */
            k/=10;
        }
        if(a[0]*a[0]*a[0]+a[l]*a[l]*a[l]+a[2]*a[2]*a[2]==i)
                                          /*判断 i 是否为阿姆斯特朗数*/
        printf("%5d"，i);                /*若满足条件，则输出*/
    }
    printf("\n");
}
```

(5) 以下程序的功能是输出如图 2-1 所示的图案。

```
        *
       ***
      *****
     *******
    *********
     *******
      *****
       ***
        *
```

图 2-1　输出结果

```
main()
{   int i，j，star，space；
    space=30；star=1；
    for(i=1；i<=9；i++)
    {   printf("\n");
        for(j=1；j<=space；j++)printf("");
        for(j=1；j<=star；j++)printf("*");
        if(i<5){space--；star+=2；}
        else{space++；star-=2；}
    }
    getch();
}
```

按照以下步骤实习和思考：①修改变量 space 的初值重新运行，查看结果如何变化。②如果将 space--改为 space-=2，space++改为 space+=2，则运行结果如何？

(三) 上机练习

(1) 输入两个数 m 和 n，求最小公倍数。

(2) 输入任意个整数，求其中能被 3 整除但不能被 7 整除的个数。

(3) 编写可计算以下函数的程序。

$$y=\frac{x}{1+x}$$

(4) 求 2~1 000 中的守形数(若某数的平方，其低位与该数本身相同，则称该数为守形数。例如 25，25^2=625，625 的低位 25 与原数相同，则称 25 为守形数)。[5]

(5) 显示如下数字构成的三角形。

```
        1
       212
      32123
     4321234
    543212345
```

四、数组与字符串的使用

(一) 目的要求

(1) 能够熟练掌握数组的相关定义，掌握引用数组元素的方法。

(2) 当数据结构为数组时，掌握相应的程序设计方法。

(3) 通过数组实现常用的计算方法。

(4) 熟练使用字符串以及字符数组。

(二) 上机实习指导

(1) 已知一维数组 array[15]，要求实现数组中每个数往前移一个位置，第一个数移到最后面。

```
#include<stdio.h>
main()
{    int i, t, array[15]={1, 2, 3, 4, 5, 6, 7, 8, 9, 10, 11, 12, 13, 14, 15};
     t=array[0];
     for(i=1; i<15; i++)
     array[i-1]=array[i];
     array[14]=t;
     printf("\n");
     for(i=0; i<15; i++)printf("%7d\n", array[i]);
}
```

上机运行程序，查看运行结果，并采用动态跟踪法体会数组元素的变化，体会一维数组的应用。

(2) 输入某部门 10 个职工的工资情况，求出其中最高工资、最低工资以及超过平均工资的人数。

```
#include<stdio.h>
main()
{
     int i, n, max_salary, min_salary, salary[10];
     float aver_salary;
     printf("\n input salary: ");
     for(i=0; i<10; i++)scanf("%d", &salary[i]);
     max_salary=salary[0]; min_salary=salary[0]; aver_salary=0;
     for(i=0; i<10; i++)
     {    aver_salary+=salary[i];
          if(salary[i]>max_salary)max_salary=salary[i];
          if(salary[i]<min_salary)min_salary=salary[i];
     }
     aver_salary/=10;
     n=0;
     for(i=0; i<10; i++)
     if(salary[i]>=aver_salary)n++;
     printf("\n max_salary, min_salary, n=%d, %df%dn, max_salary, min_salary, n);
}
```

上机运行程序并分析运行结果。

(3) 对 20 个学生的分数按从小到大的顺序排序后输出，以下是用冒泡法实现的程序。

```
#include<stdio.h>
main()
{    int a[20]，i，j，t；
     for(i=0；i<20；i++)                    scanf("%d"，&a[i]);
     for(j=1；j<=19；j++)
         for(i=0；i<20-j；i++)
             if(a[i]>a[i+1])
             {    t=a[i]；a[i]=a[i+1]；a[i+1]=t；}
     for(i=0；i<20；i++)                    printf("%5d"，a[i]);
}
```

上机运行程序并分析运行结果。

(4) 将矩阵中和值最小的那一行元素与首行对换。

```
#include<stdio.h>
main()
{
     int a[5][5]={{1，2，3，4，5}，{0，1，2，3，45}，{34，34，5，67，34)，{3，23，
1，34，5}，{2，0，5，67，45}};
     for(i=0；i<5；i++)
     {
         s=0;
         for(j=0；j<5；j++) st=a[i][j];
         if(s<smin)
         {smin=s；row=i；}
     }
     for(j=0；j<5；j++)
     {
         t=a[0][j];
         a[0][j]=a[row][j];
         a[row][j]=tj
     }
}
```

上机运行程序并分析运行结果。

(5) 已知按升序排好的字符串 a，将字符串 s 中的每个字符按升序的规则插到字符串 a 中。

```
#include<stdio.h>
#include<string.h>
main()
{    char a[20]="cehiknqtw"；char s[ ]="fbla";
     int i，k，j;
```

```
        for(k=0；s[k]!='\0'；k++)
        {    j=0；
             while(s[k]>=a[j]&&a[j]!='\0')
             j++；
             for(i=strlen(a)；i>=j；i--)    a[i+1]=a[i]；
             a[j]=s[k]；
        }puts(a)；
    }
```

（三）上机练习

(1) 已知一数组 a，要求将其中每 3 个相邻元素的平均值存放于另一数组 b 中并输出。

(2) 已知数组 a 和 b，a 按照由大到小的顺序排列，b 按照由小到大的顺序排列，要求将 a，b 合并后按照由大到小的顺序排列存入数组 c 中，程序最后输出 a，b，c。

(3) 重新排列一整数数列，排列的方法是奇数排列在前，偶数排列在后，并且奇数和偶数分别按照各自顺序进行排列。

(4) 编写程序，将某一指定字符从一个已知的字符串中删除。

五、函数

（一）目的要求

(1) 掌握通用函数的编写方法，熟悉函数的调用，并对其进行定义。

(2) 熟悉在函数间传递数据的相关规则。

(3) 掌握全局变量、局部变量、静态存储变量和动态存储变量的含义及用法。

（二）上机实习指导

(1) 上机运行下列程序，并单步跟踪运行过程。

```
#include<stdio.h>
int min(floatx，floaty)
{
    float z；
    z=x<y?x：y；
    return(z)；
}
main()
{
    float a，b；int c；
    scanf("%f%f"，&a，&b)；
```

```
        c=min(a，b);
        printf("min is %d\n"，c);
}
```

理解、体会函数的调用过程，在此基础上分析程序的运行结果。

(2) 输入某部门 10 个职工的工号及工资，然后按顺序输出工资的前 3 名。

```
#include<stdio.h>
void insert_sort(intnum[]，intmonney[]，int n，intnumber，intsalary)
{
        int i，j;
        for(i=0；i<n；i++)        if(salary>monney[i])break;
        if(i>=n) return；
        for(j=n-l；j>i；j--)
        {    num[j]=num[j-1];
        monney[j] =monney[j-1];
        }
            num[i]=number；monney[i]=salary;
}
main()
    {
        int i，num[10]，monney[10]number，salary;
        for(i=0；i<10；i++){monney[i]=0；num[i]=0；}
        for(；；  )
        {
        printf("\n number salary=?");
        scanf("%d%d"，&number，&salary);
        if(number<0||salary<0)break;
        insert_sort(num，monney，10，number，salary);
        }
        for(i=0；i<3；i++)
        printf("\n %d %d"，num[i]，monney[i]);
}
```

上机运行并分析程序结果。剖析程序结构、掌握函数定义和调用的方法，回顾函数参数传递的方式。

(3) 通过以下程序的运行，对具体结果做出分析，掌握静态局部变量的使用方法以及全局变量的使用方法，从真正意义上领会其实际应用。

```
#include<stdio.h>
int a=2，b=4，c=10;
int f(inta，intb)
```

```
{
    a+=2;
    c-=a+b;
    return(a*b*c);
}
main()
{
    int a=5,
    d=f(a+3，a+b);
    printf(" \ n%d, %d, %d, %d", a, b, c, d);
}
```

（三）上机练习

(1) 编写函数，求 100 个整数中所有偶数之和。

(2) 编写一个函数，求一维实型数组前 n 个元素的最大数、最小数和平均值。

(3) 编写一个函数，从 n 个数当中求得平均值、最小值以及最大值。要将 20 个数输入主函数，完成子函数的统计，将最终输出结果做出展示。此外，最大值及最小值采用全局变量实现。

(4) 有 5 个人在一起问年龄，第五个人比第四个人大 2 岁，第四个人比第三个人大 2 岁，第三个人比第二个人大 2 岁，第二个人比第一个人大 2 岁，第一个人为 10 岁。试采用递归调用完成该程序。

六、指针

（一）目的要求

(1) 理解指针的相关概念，对指针变量进行定义并掌握其使用方法。

(2) 当函数参数是指针变量时，掌握这些参数的传递过程和使用方法。

(3) 熟悉字符串、一维数组、二维数组等指针的具体使用方法[1]。

（二）上机实习指导

(1) 分析下列程序并上机运行，体会指针变量的基本运算符 "&" 和其应用。

```
#include<stdio.h>
main()
{
    int a=10, b=20;
    int *pl *p2;
    p1=&a;
    p2=&b;
    printf("\n%d, %d", a, b);
```

```
        printf("\n%d, %d", *p1, *p2);
}
```

回顾了指针变量的基本使用后,阅读下面例题,分析、体会指针变量作为函数参数时的应用。

(2) 上机运行下面的程序,体会指针变量作为函数参数的应用。

```
#include<stdio.h>
swap(int*pl, int*p2)
{   int t;
    t=*pl;
    *pl=*p2;
    *p2=t;
}
main()
{   int a, b;
    scanf("%d, %d", &a, &b);
    if(a<b) swap(&a, &b);
    printf("\n %d, %d", a, b);
}
```

(3) 输入某部门 50 个职工的工资,输出其中超过平均工资的人数。

```
#include<stdio.h>
int over_aver_number(int*salary, int n)
{
    int i, number=0;
    float aver=0;
    for(i=0; i<n; i++)aver+=salary[i];
    aver/=n;
    for(i=0; i<n; i++)if(salary[i]>=aver)number++;
    return number;
}
main()
{
    int i, number, salary[50];
    printf("\n Enter a: ");
    for(i=0; i<100; i++)scanf("%d", &salary[i]);
    number=over_aver_number(salary, 50);
    printf("\nnumber=%d", number);
}
```

函数中对指针变量 salary 采用下标的引用方法,这种方法相当于把 salary 看作是一个数组。最好的方法是通过改变指针变量的指向来引用不同元素,即函数改为:

```
int over_aver_number(int*salary, int n)
{
    int i, number=0;
    float aver=0;
    for(i=0; i<n; i++)aver+=*salary++;
    aver/=n;
    salary-=n;
    for(i=0; i<n; i++)if(*salary++>=aver)number++;
    return number;
}
```

循环体中 salary++的作用是每执行一次循环体就让指针变量 salary 指向下一个元素，使以后的访问就直接访问 salary 所指向的内存单元，不需再作地址计算，以节省计算时间。语句 salary-=n 的作用是使 salary 恢复其初始指向，使后面的循环访问能正确进行。

注意：当 salary 是指针变量时才能使用这种方法。如果 salary 是数组名，则不允许这样使用。

(4) 求矩阵的上三角元素之和。

```
#include<stdio.h>
main()
{
    int a[3][4], *p, i, j, s=0;
    p=a[0];
    for(i=0; i<3; i++)
        for(j=i+1; j<4; j++)
        s+=p[i*4+j]; 或 s+=*(p+4*i+j);
    printf("\n%d", s);
}
```

分析上面程序及其运行结果，并通过此例体会通过指针变量引用二维数组元素的方法。

(5) 分析下列程序并上机运行，体会字符串指针的应用。

```
#include<stdio.h>
void f(char*c)
{   c+=2;
    (*c)++;
    c++;
    *c=0;
}
main()
{   char c[20]="abcdef";
    f(c+1);
```

```
        printf("%s", c);
}
```

（三）上机练习

要求用指针实现下面各题：

(1) 编写函数，实现 6×6 方阵转置，并考虑将子函数写成通用函数。

(2) 编写一个通用函数，求 n 阶方阵的下三角元素之积，并用此函数求 3 阶方阵的下三角元素之积。

(3) 已知 3 个字符串 a，b，c，要求合并 a，b，c。

(4) 利用指针将 10 个整数输入到数组 a 中，然后将 a 逆序复制到数组 b 中，并输出 b 中各元素的值。

七、结构体

（一）目的要求

(1) 掌握结构体变量、结构体数组的定义及其引用方法。

(2) 掌握用指向结构体类型数据的指针变量作为函数参数时的应用。

(3) 掌握用结构体作为数据结构时的程序设计方法，体会其优越性。

（二）上机实习指导

(1) 输入某部门 10 个职工的工号、姓名、工资，输出其中工资最高与最低的职工信息。分析运行下面程序，回顾结构体类型变量的定义与引用。

```c
#include<stdio.h>
struct worker /*对结构体类型 worker 的定义*/
{    int num;
     char name[10];
     int salary;
};
main()
{    int i;
     struct worker workerl,w_higher,w_lower;
     w_higher.salary=0; w_lower.salary=10000;
     printf("\n input data: ");
     for(i=0; i<10; i++)
     {    scanf("%d%s%d", &worker1.num, worker1.name, &worker1.salary);
          if(worker1.salary>w_higher.salary)w_higher=worker1;
          if(worker1.salary<w_lower.salary)w_lower=worker1;
     }
```

```
        printf("\n highest：%10d%20s%10d", w_higher.num，w_higher.name，w_higher.salary);
        printf("\n lowest：%10d%20s%10d", w_lower.num，w_lower.name，w_lower.salary);
}
```

分析程序并上机运行。

(2) 将上例改为通过结构体数组来实现，并按工资从高到低的顺序排序后输出。

```
#include<stdio.h>
#define WOR struct worker
WOR
{    int num；
     char name[10]；
     int salary；
}；
main()
{    int i，j，n=10；
     WOR workerl[10]，t；/*定义结构体数组 worker 及结构体变量 t*/
     printf("\n input data： ");
     for(i=0；i<n；i++)
     scanf("%d%s%d", &workerl[i].num，workerl[i].name，&workerl[i].salary);
         for(i=0；i<10；i++)
         for(j=i+1；j<10；j++)
           if(workerl[i].salary<workerl[j].salary)
           {t=workerl[i]；workerl[i]=workerl[j]；workerl[j]=t；}
     for(i=0；i<n；i++)
     printf("\n%10d%20s%10d", workerl[i].num，workerl[i].name，worker1[i].salary);
}
```

仔细分析以上程序，体会用结构体作为数据结构的优越性，掌握结构体数组的用法。

(3) 将上述第二个例子改用函数实现，体会用指向结构体的指针作函数参数的应用。

```
void sort(WOR *workerl，intn)
{WOR *i，*j，t；
  for(i=worker1；i<worker1+n-1；i++)
    for(j=i+1；j<worker1+n；j++)
      if((*i).salary<(*j).salary)
      {t=*i；*i=*j；*j=t；}
}
```

有了此函数的定义，即可将第二个例子中的排序部分语句改为调用此函数。

(三) 上机练习

将下面各题的数据结构采用结构体实现。

(1) 设有 5 个候选人，每次输入一个得票候选人的名字，要求对候选人得票进行统计，最后输出各候选人的得票结果。数据结构可设计候选人结构体，成员包括姓名、得票数等。

(2) 给定一个日期，求出该日期星期几(已知 2019 年 4 月 11 日是星期四)。

(3) 输入 10 个学生的学号、姓名、年龄及课程的成绩(可设计为一门或多门)，然后将总分最高的学生与最前面的学生交换，总分最低的学生与最后面的学生交换。

八、文件

(一) 目的要求

(1) 学会文本文件的读/写操作。

(2) 学会二进制文件的读/写操作。

(二) 上机实习指导

1. 文本文件的输入与输出

文本文件的输入是指将一个已存在的文本文件的内容读入到程序的数据结构中。这个文本文件一般用文本编辑器建立，也可以通过其他程序建立。文本文件的输出则是将程序中数据结构的内容(一般是程序结果)按文本方式输出到文件中。

文本文件的读写步骤：

(1) 打开文件(fopen)。

(2) 读/写操作(fscanf/fprintf)。

(3) 关闭文件(fclose)。

例 2-1：已知文本文件 f1.txt 中存放了某校所有参加挑房职工(不超过 1 000 人)的信息。具体数据及存放格式为：每行存放一个职工的数据，共有 4 项，依次为姓名(不超过 10 个字符)、年龄(整数)、职称编号(整数)和分房工龄(整数)，其间用空格分隔。试编写程序，读出文件中的内容，再按挑房的先后次序排队后以文本方式存放到文件 f2.txt 中。

排队原则：

先按职称排，同职称按分房工龄排，同工龄按年龄排。

职称编号：

校级干部：	0
教授、正处级：	1
副教授、副处级：	2
讲师、科级：	3
其他：	4

```c
#include<stdio.h>
typedef struct
{
    char name[20];
```

```
        int age，num，wage，score；
}tch；
void sort(tch *a，intn)
{
    int i，j；
    tch t；
    for(i=0；i<n-1；i++)
      for(j=i+1；j<n；j++)
        if(a[i].score<a[j].score){t=a[i]；a[i]=a[j]；a[j]=t；}
}
main()
{
    int i，n=0；
    tch a[1000]；
    FILE *fp；
    fp=fopen("f1.txt"，"r"}；
    while(!feof(fp))
    {
        i=fscanf(fp，"%s%d%d%d"，a[n].name，&a[n].age，&a[n].num,&a[n].wage)；
        if(i<4)break；
        a[n].score=(5-a[n].num)*5000+a[n].wage*100+a[n].age；
        n++；
    }
    fclose(fp)；
    sort(a，n)；
    fp=fopen("f2.txt"，"w")；
    for(i=0；i<n；i++)fprintf(fp，"\n %5d%10s"，i+1，a[i].name)；
    fclose(fp)；
}
```

分析程序，上机运行程序并分析运行结果。

2．二进制文件的输入与输出

二进制文件的输入是指将文件中的内容按二进制形式读入到程序的数据结构中。只有对以二进制形式输出的文件才能使用二进制的形式去读取，否则不会得到正确的结果。二进制文件的输出则是将程序中数据按二进制形式存放到文件中。按二进制形式输出的文件只有按二进制的形式输入才能得到正确的结果。

二进制文件的读写步骤：

(1) 打开文件(fopen)。

(2) 读/写操作(fread/fwrite)。

(3) 关闭文件(fclose)。

例 2-2：已知文件 file1.txt 中存放了 n 个职工的职工编号、姓名、工资，其格式为第一行存放一个不定长的整数，代表职工人数 n；从第二行开始，每行存放一个职工的数据。即

n

职工编号 姓名 工资

⋮

将文件 file1.txt 的数据读入后以二进制方式输出到文件 file2.txt 中。

```c
#include<stdio.h>
#include<stdlib.h>
#define WOR struct worker
WOR
{    int num；
     char name[20]；
     int wage；
};
main()
{
     int i，j，n；
     WOR *wk；
     FILE *fp；
     fp=fopen("file1.txt"，"r")；
     if(!fp) exit(0)；
     fscanf(fp，"%d"，&n)；
     wk=(WOR*)malloc(n*sizeof(WOR))；
     if(!wk)
{
     fclose(fp)；
     exit(0)；
}
for(i=0；i<n；i++)
     fscanf(fp，"%d%s%d"，&wk[i].num，wk[i].name，&wk[i].wage)；
     fclose(fp)；
     fp=fopen("file2.txt"，"wb")；
     if(!fp)
{
     free(wk)；
     exit(0)；
```

```
    }
        fwrite(&n, sizeof(int)，1，fp);
        fwrite(wkfsizeof(WOR)，n，fp);
        fclose(fp);
        free(wk);
    }
```

(三) 上机练习

(1) 已知文本文件 f1 中存放有某市所有公民的有关性别和年龄的数据,其中每行为一个公民的数据,共有 3 项,依次为姓名(不超过 10 个字符)、性别(0 表示男,1 表示女)和年龄(整数),每项之间以空格分隔。试编写程序,分别找出其中 10 名男寿星和 10 名女寿星,并将 20 名寿星的数据以文本文件的方式存入到文件 f2 中(先男后女)。

(2) 编写一个程序,将文本文件 G 的内容链接到文本文件 f1 的后面。

已知文本文件 f1 和 f2 存有若干整数,要求读出文件中所有整数,并把这些数按从小到大的次序写入文本文件 f3,同一个数在文件 f3 中最多只能出现一次,文件中的相邻两个整数都用空格或其他统一字符隔开,每 15 个换行。

第三章 简单 C 语言程序结构设计与课堂多元评价实现

随着信息技术的发展及其对各行各业的渗透,越来越多的人开始学习程序设计。C 语言因其简单易学、简洁紧凑、用途广泛、功能强大、使用灵活等特点,成为学习编程技术的首选入门语言。本章从顺序结构程序设计、选择结构程序设计、循环结构程序设计和 C 程序设计课程多元评价的实现四个方面展开论述。

第一节 顺序结构程序设计解析

一、顺序结构程序的引用

(一) 引例

引例:从键盘输入一个 3 位正整数 m,然后将其各位数字分离为 a、b、c,并输出。

问题分析:将一个 3 位数的各位数字分离,实际上就是计算出各位数字的值,可以利用下列方法进行运算。

百位:$a=m/100$

十位:$b=(m\%100)/10$

个位:$c=m\%10$

程序执行时先输入一个数据,然后只要从上到下依次运算,最后输出即可。

(二) 顺序结构的概念与流程

C 语言是结构化程序设计语言,它强调程序的模块化。一个结构化程序由顺序结构、分支结构和循环结构组成,它们都是单入口单出口结构,每一个基本结构可以包含一条或若干条语句。这三种基本结构可以组成各种复杂程序,实现算法的计算机表示。

采用结构化程序设计方法编写的程序逻辑结构清晰,层次分明,可读性好,可靠性强,提高了程序的开发效率,保证了程序的质量。

顺序结构是三大基本结构中最简单的一种,所谓顺序结构,就是按照语句编写的顺序依次执行。对于一些简单的程序,可能只用顺序结构就可以实现,而对于复杂的程序就不仅包括顺序结构,还可能包括分支结构和循环结构。

顺序结构是最简单的一种逻辑结构,程序从第一条语句开始按照书写顺序依次执行直到程序结束。一般情况下,一个程序由输入数据、数据处理和输出数据 3 部分组成。典型的顺序结构流程图如图 3-1 所示[2]。

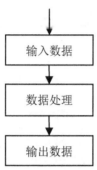

图 3-1 顺序结构流程图

本节主要介绍实现数据输入和输出的基本语句,并编写简单的顺序结构程序。

(三) 顺序结构实例分析

在 C 语言程序中,这类结构主要使用的是赋值语句、数据的输入/输出等函数语句。

例 3-1:从键盘输入两个整数 a 与 b,将它们交换后输出。

(1) 算法分析。在此程序中,可使用 scanf 函数语句实现随机输入,将从键盘输入的 2 个数分别赋给变量 a、b;要交换两个变量的值,可采用借助中间变量 temp 的方法实现数据交换后输出。

(2) 程序设计。

```
#include<stdio.h>                 //标准库函数声明
void main()
{
    int a, b, temp;               //定义 3 个整型变量
    printf( " 请输入两个数: " );   //输入提示
    scanf ( " %d%d " , &a, &b );   //格式化输入函数
    printf ( " 交换前: a=%d, b=%d\n " , a, b);
                                   //输出交换前的两个数
    temp=a;
    a=b;
    b=temp;                       //此 3 句为两数交换语句
    printf ( " 交换后: a=%d, b=%d\n " , a, b);
                                   //输出交换后的两个数
}
```

(3) 程序运行。

程序运行结果：

请输入两个数：5 8

交换前：a=5，b=8

交换后：a=8，b=5

本例中程序的所有语句按编写的先后顺序依次执行，这就是典型的顺序结构，其执行步骤是从上向下依次执行的，没有任何转向操作[2]。

在使用 C 语言编写程序时，声明语句必须写在可执行语句之前，也就是说在执行语句中不能再出现对某个变量的声明。

二、数据输入阐述

C 语言的基本输入/输出函数是初学者必须熟悉掌握的基本内容之一。输入/输出(简称 I/O)是程序的基本组成部分，程序运行所需的数据通常需要从外部设备(如键盘、光盘等)输入，程序的运行结果通常也要输出到外部设备(如显示器、打印机)等。实际上，对数据的一种重要操作就是输入/输出，没有输出的程序是没有价值的，程序若是少了输入，会失去灵活性。

库函数让 C 语言具备了输入和输出数据的功能，因为 C 语言并不具备这个功能，如 getchar(输入字符)、putchar(输出字符)、scanf(格式化输入)、printf(格式化输出)，其中 scanf 和 printf 函数是针对标准输入/输出设备(键盘和显示器)进行格式化输入/输出的函数。由于它们在头文件 stdio.h 中定义，因此在使用 I/O 函数前，必须在程序开头使用编译预处理命令 #include<stdio.h>或#include " stdio.h "，将该文件包含到程序文件中。

(一) 字符输入函数

1. 字符输入函数概述

原型：int getchar();

功能：接收从键盘输入的一个字符。

返回值：输入成功则返回该字符的 ASCII 码，错误则返回 EOF。

头文件：stdio.h。

字符输入函数每调用一次，就从标准输入设备上取一个字符。函数值一般赋给字符变量或整型变量。

例如：

char c;

int a;

c=getchar();

a=getchar();

例 3-2：从键盘输入一个小写字母，输出其对应的大写字母。

(1) 算法分析。由于大、小写字母的 ASCII 码值相差 32，所以如果已知小写字母，只要将其 ASCII 码值减去 32，就可以得到相应大写字母的 ASCII 码值。

(2) 程序设计。

```
//将小写字母转换为大写字母
#include<stdio.h>
void main()
{
    char ch1，ch2;
    ch1=getchar();              //从键盘输入一个字符，并存入变量 ch1
    ch2=ch1-32;                 //小写字母转化为大写字母
    printf( " %c " ，ch2 );      //按字符格式输出转换后的值
}
```

(3) 程序运行。

程序运行结果如下：

输入：b

输出：B

2. 注意事项

(1) getchar()是一个无参函数，函数的返回值就是从键盘读入的字符。

(2) getchar()函数只能接收单个字符，输入数字、空格、回车等也按字符处理。当输入多个字符时，只接收第一个字符。

(3) 使用 getchar()函数前必须包含头文件 " stdio.h " 。

(4) 执行 getchar()输入字符时，输入字符后需要按回车键，这样程序才会响应输入，继续执行后续语句。

(二) 格式化输入函数

scanf 函数称为格式输入函数，即按用户指定的格式从键盘上把数据输入到指定的变量中。

原型：int scanf (const char * format，address-list);

功能：按格式字符串 format 从键盘读取数据，并存入地址列表 address-list 指定的存储单元。

返回值：输入成功则返回输入数据的个数，错误则返回 0。

头文件：stdio.h。

1. 格式控制字符概述

格式控制字符 format 是用英文双引号括起来的字符串，其作用是控制输入项的格式和需要输入的提示信息。

函数 scanf()通常由%开始，并以一个格式字符结束，用于指定各参数的输入格式。

scanf 函数的格式字符串的一般形式为：%[*][m][l][h]类型，其中有方括号[ ]的项为任选项，各项的意义如下。

(1) 类型。表示输入数据的类型，其格式控制符及说明见表 3-1[2]。

表 3-1　scanf 函数的格式控制字符

格式控制字符	说明
%d	输入十进制整数
%o	输入八进制整数
%x	输入十六进制整数
%u	输入无符号十进制数
%c	输入单个字符，空白字符(包括空格、回车、制表符)也作为有效字符输入
%s	输入字符串，非空格开始，遇到第一个空白字符(包括空格、回车、制表符)结束
%f 或%e	输入实数，以小数或指数形式输入均可

格式控制字符包括格式控制说明符和普通字符两部分。格式控制说明符表示按指定的格式读入数据，普通字符是在输入数据时需要原样输入的字符。例如：

scanf(" %d, %d ", &a, &b);

需输入：3，4✓

此时 3 和 4 之间的逗号为普通字符，与 " %d, %d " 中的逗号对应，需原样输入。

又如：

scanf(" a=%d, b=%d, c=%d ", &a, &b, &c);

需输入：a=5, b=10, c=15✓(a=、b=、c=及逗号与格式控制对应)

为了减少不必要的输入，防止出错，在 scanf 函数的格式控制字符串中尽量不要出现普通字符。

(2) 修饰符。[*]、[l]、[m]、[h]均为可选的格式修饰符，各种修饰符的意义见表 3-2。

表 3-2　scanf 函数的修饰符

格式修饰符	意　义
h	加在格式符 d、o、x 之前，用于输入 short 型整数
l	加在格式符 d、o、x 之前，用于输入 long 型整数
	加在格式符 f、e 之前，用于输入 double 型整数
m	指定输入数据的宽度(列数)，遇到空格或不可转换的字符则结束
*	抑制符，表示对应的输入项读入后不赋给相应的变量

1) 宽度修饰符 m。宽度修饰符 m 用十进制整数指定输入的宽度(即字符数)，系统自动按它截取所需数据。例如：

scanf(" %2d%3d ", &a, &b);

输入：123456789✓

系统自动将 12 赋给 a，345 赋给 b。

2) 抑制修饰符*。抑制修饰符*表示对应的数据读入后，不赋予相应的变量，该变量由下一个格式指示符输入，即跳过该输入值。例如：

scanf(" %3d%*2d %2d ", &a, &b);

输入：123□45□67✓

变量 a 会被系统赋予一个值，即第一个数 123；"*"会起到跳过 45 的作用，即第二个数；

变量 b 会被第三个数赋值,即 67。

3) 长度修饰符。l 和 h 可以分别代表长度格式符,%ld 和%lf,即输入长整型数据和双精度浮点数。短整型数据的输入可以用 h 代表。

例如:

long x,double y;

scanf(" %ld%lf ",&x,&y);

2．格式控制字符的地址列表

地址列表是由若干个内存地址组成的列表,可以是变量的地址、字符串的首地址和指针变量,各地址间以逗号间隔。"&"代表地址运算符,在它后面添加变量名,则组成变量地址。C语言与其他语言的区别是 C 语言运用地址这一定义。在概念上,变量地址和变量值是完全不一样的。C编译系统会自动安排变量地址,用户不必关心具体的地址是多少。

3．注意事项

(1) scanf 函数中的变量名前必须使用地址运算符&。

例如:

int a;

scanf(" %d ",a);   //仅用变量名 a,错误用法

scanf(" %d ",&a);   //地址名,正确用法

(2) scanf 函数中没有精度控制。

例如:

scanf(" %5.2f ",&a);   //非法语句,不能企图用此语句输入小数
                                          //为两位的实数

(3) 在用 " %c " 输入时,任意字符(比如空格)均作为有效字符输入。

例如:

char c1,c2,c3;

scanf(" %c%c%c ",&c1,&c2,&c3);

输入:a□b□c✓

结果:a 赋给 c1,a 后第一个空格赋给 c2,b 赋给 c3(其余被丢弃)。

(4) 以下三种状况会在进行数据输入时被视为终止:①碰到回车键、Tab 键以及空格键;②达到输出域宽,如 " %3d ",只取三位数;③遇非法字符输入。

三、数据输出阐述

(一) 字符输出函数

若要在显示器上进行单个字符的输出,需要依靠字符输出函数,即 putchar 函数。

原型:int putchar(int ch);

功能:将 ch 内容(一个字符)输出到屏幕。

返回值：成功则返回所输出字符 ch，错误则返回 EOF。

使用本函数前必须要用文件包含命令：#include<stdio.h>或#include " stdio.h " 。

例 3-3：用 putchar 函数输出单个字符。

(1) 源程序。

```
#include<stdio.h>
void main()
{
    char a='B', b='o', c='k';
    putchar(a); putchar(b);
    putchar(b); putchar(c); putchar('\t');
    putchar(a); putchar(b); putchar('\n');
    putchar(b); putchar(c);
}
```

(2) 程序说明。

本例利用 putchar()函数一次输出一个字符，该字符包括字符常量、字符变量及转义字符等。

(3) 程序运行。

程序运行结果如下：

Book Bo

ok

putchar()函数一次只能输出一个字符，且该函数只有一个参数。

(二) 格式化输出函数

printf 函数中，f 所代表的英文为 format，即格式，因此被叫作格式输出函数。它可以在显示器上显示出用户需要的格式和数据。

原型：int printf(const char * format，arg-list)；

功能：按照格式控制字符串 format，将参数表 arg-list 中的参数输出到屏幕。

返回值：成功则返回实际打印的字符个数，错误则返回一个负数。

格式控制字符串 format，是用英文双引号括起来的字符串，其作用是控制输出项的格式和输出一些提示信息[①]。

普通字符以及格式说明符共同构成格式控制字符串。字符串的开头若是%，则代表格式说明符，数据在输出时形式、小数位数等，分别由%之后的不同格式字符表示。普通字符在输出时原样输出，在显示中起提示作用。

参数列表 arg-list 列出要输出的表达式，输出的数据可有可无，如果有多个数据，逗号可以将参数分开。实数、字符以及字符串都可以成为数据进行输出。

头文件"stdio.h"为 printf 函数提供了原型，它是一个标准库函数。但由于 printf 函数比

---

① 王先超，王春生，胡业刚等. 以培养计算思维为核心的 C 程序设计探讨[J]. 计算机教育，2013，No. 193(13)：48-51.

较特殊，因此 stdio.h 文件可以不必出现在 printf 函数中。

printf 函数中的格式字符串的一般格式为%[flag][m][.n][l][h|l]type，[]中的内容并不是必选项。下面对每项含义进行阐述。

(1) 类型。不同类型的输出数据可以用类型 type 表示，其格式控制字符及说明见表 3-3。

表 3-3　printf 函数的格式控制字符

格式控制字符	说明
d	符号整数的输出形式为十进制，但正数不在输出符号之内
O(字母)	无符号整数的输出形式为八进制，但不包括前缀 0
x 或 X	无符号整数的输出形式为十六进制，但不包括前缀 0x
u	无符号整数的输出形式为十进制
f	6 位小数会包含在单精度实数和双精度实数的输出中
e 或 E	单精度实数和双精度实数的输出形式为标准指数
g 或 G	单精度实数和双精度实数的输出宽度以短%f 和%e 代表，但不包括 0
c	单个字符的输出
s	字符串的输出

(2) 修饰符。修饰符也称为附加格式说明符，各种修饰符及意义见表 3-4。使用修饰符可以指定输出宽度及精度、输出对齐方式、空位填充字符和输出长度修正值等。

表 3-4　printf 函数修饰符及意义

格式修饰符	意义
+	输出符号(正号或负号)
#	对 c, s, d, u 类无影响；对 o 类，在输出时加前缀 o ； 对 x 类，在输出时加前缀 0x
h	加在格式符 d、o、x 之前，用于输出 short 型整数
l	加在格式符 d、o、x、u 之前，用于输出 long 型整数
0	在右对齐的输出格式中左补 0，默认左补空格
m(表示整数)	按宽度 m 输出，若 m 大于数据长度，右补空格，否则按实际位数输出
-m(表示整数)	按宽度 m 输出，若 m 大于数据长度，右补空格，否则按实际位数输出
.n(表示整数)	加在 f 之前，指定 n 位小数 加在 e、E 之前，指定 n-1 位小数 加在 s 之前，指定截取字符串前 n 个字符

1) 标志 flag。标志格式字符为-、+、#、空格四种。

2) 输出最小宽度 m。在输出时指定输出项的列数。如果宽度在定义上小于实际位数，那么在输出时需要按照实际位数，在宽度定义大于实际位数时补以 0 或是空格。

3) 精度.n。精度格式符.n 以“.”开头，后跟十进制整数。它所代表的含义是：小数位数以数字代表；字符个数以字符代表；如果精度数在定义上小于实际位数，对于超出的部分要删除。

4) 长度 h，l。l 和 h 表示长度格式符，长整型输出以 l 代表，短整型输出以 h 代表。

不同的输出项会在输出列表中显示，但是在类型、位置以及数量上会在每个输出项和格式字符串中相对应。

例 3-4：使用 printf 函数格式控制符。

(1) 源程序。

#include<stdio.h>

```
void main()
{
    int a=66, b=67;
    printf( " %d, %d\n " , a, b);
    printf( " %c, %c\n " , a, b);
    printf( " a=%d, b=%d\n " , a, b);
}
```

(2) 程序说明。在以上例子中换算三次 a，b 的值，得出的结果受到格式控制影响。在本例中的换算公式 printf 函数等式中，第 5 行由于在两个%d 之间加入了非格式字符，也就是逗号，所以得出的结果是 a,b；第 6 行中的格式字符串是%c，表示按字符型输出 a，b 的值；第 7 行为了提示输出结果，又增加了非格式字符串 "a=" " b="。

(3) 程序运行。程序运行结果如下：

66，67
B，C
a=66，b=67

四、顺序结构程序设计及应用实例

（一）顺序结构程序设计概述

(1) 问题分析。此类问题的解决是用顺序结构按照编写代码的顺序依次执行相关计算或处理。分析：①实现要完成的功能采用的方法步骤；②输入哪些数据及其类型；③对输入数据的处理；④输出数据及其格式。

(2) 算法分析。此类问题的算法一般都很简单，主要是对一些初始数据的计算或对初始数据的处理。

(3) 代码设计：①用 scanf 函数输入原始数据；②用赋值语句进行计算或处理；③用 printf 函数输出计算或处理的结果。

(4) 运行调试。用不同情况下的初始数据分别测试程序的运行结果。

（二）顺序结构程序设计应用实例

例 3-5：已知圆柱的半径和高，求圆柱的体积。

(1) 算法分析。

设用 V 表示圆柱的体积，h 表示圆柱的高，则 $V = \pi r^2 h$。

在编程解决实际问题时，应注意三个重要的环节：源数据、算法和输出结果，并将这个过程用代码来实现，形成完整的程序。

①定义变量并提供源数据，依题意定义 3 个变量；②算法实现，本例较简单，只需进行乘法运算；③结果输出。这几个步骤正好一步一步完成，因此用顺序结构即可实现。

(2) 程序设计。

```
#include<stdio.h>
```

```
void main()
{
    float r，h，v;                        //定义变量：r 为圆柱的底面半径，h 为高，v
                                          //为体积
    printf（"请输入圆柱的底面半径和高："）;
                                          //输出提示信息
    scanf（"%f%f"，&r，&h）;             //从键盘上输入半径和高
    v=3.1415926*r * r * h;               //按公式计算圆柱体积
    printf（"圆柱的体积是：%8.2f\n"，v）;  //按指定格式输出变量 v 的值
}
```

（3）程序运行。

运行结果：

输入：

请输入圆柱的底面半径和高：5 8↙

输出：

圆柱的体积是：　　638.32

程序第 8 行使用宽度和精度说明符，即按%8.2f 格式输出实型数据，这里的%8.2f 表示输出数据所占的域宽为 8，小数点后保留 2 位。其中小数点也占一个字符位置，所以 638.32 前面有 2 个空格。

例 3-6：输入一个 3 位正整数，输出逆序后的数。如输入 345，输出为 543。

（1）算法分析。

本题的关键是设计一个分离三位整数的个、十、百位的算法。设输入的三位整数是 345，个位数可用对 10 取余的方法得到，如 345%10=5；百位数可用对 100 取整的方法得到，如 345/100=3；十位数可采用先与 100 取余再与 10 取整的方法，如(345%100)/10，也可用先与 10 取整再与 10 取余的方法，如(345/10)%10。

（2）程序代码。

```
#include<stdio.h>                    //标准库函数声明
void main()
{
    int a，b，c，x，y;                //变量定义
    printf（"请输入一个三位数："）      //输入提示
    scanf（"%d%"，&x);                //格式化输入函数
    a=x/100;                         //计算百位
    b=x/10%10;                       //计算十位
    c=x%10;                          //计算个位
    y=100* c+10* b+a;                //计算逆序后的值
    printf（"x=%d，y=%d\n"，x，y）;   //输出 x，y 的值
}
```

(3) 程序运行。

运行结果：

输入：

请输入一个三位数：345

输出：

x=345，y=543

第二节　选择结构程序设计解析

一、选择结构程序的引用

(一) 引例

顺序结构程序设计只能解决一些简单的问题，如果要解决稍微复杂一些的问题，则仅用顺序结构程序是远远不够的。因为顺序结构程序的执行就像一条流水线，将程序中的各个语句按从上到下的顺序逐一执行，不能根据一定的条件选择执行相应的语句，也就是不具有逻辑判断能力。

引例：求解一元二次方程 $ax^2+bx+c=0$ 的根(包括实根和复根)。

问题分析：本例需要根据一元二次方程 $ax^2+bx+c=0$ 中系数 a、b、c 的不同情况进行判断，从而选择不同的根的计算或处理方法。

本例具体有下列几种情况。

(1) $a=0$，$b=0$ 时，如果 $c=0$，则方程为同义反复；否则(即 $c\neq0$)，方程为矛盾；

(2) $a=0$，$b\neq0$ 时，方程只有一个根：$x=-\dfrac{c}{b}$；

(3) $a\neq0$ 时，方程有两个根：

① $d=b^2-4ac=0$ 时，有两个相等的实根：$-\dfrac{b}{2a}$

② $d=b^2-4ac>0$ 时，有两个不相等的实根：$-\dfrac{-b\pm\sqrt{d}}{2a}$

③ $d=b^2-4ac<0$ 时，有两个不相等的复根：$-\dfrac{b}{2a}\pm\dfrac{\sqrt{-d}}{2a}$

这里需要根据一元二次方程系数 a、b、c 和根的判别式的 6 种不同情况选择不同的计算或处理方法。

(二) 选择结构的概念

对于上述或类似的问题，需要根据某些给定的条件进行某种判断，并根据判断的结果进行不同的处理。对这一类问题的程序进行设计的方法，就是用选择结构来完成。使用选择结构就是利用计算机的逻辑判断能力，来对各种复杂情况进行处理[26]。

若要判断给定条件，可以选用选择结构，这也是对不同分支进行执行的路径。条件的表示通常是关系表达式，也可能是逻辑表达式或一般的算术表达式。选择结构实现的方法是采用条件语句和开关选择语句。本节主要介绍条件语句 if 和开关选择语句 switch 以及选择结构程序设计的方法与步骤、应用实例。

二、条件语句阐述

单分支以及双分支和多分支的结构，是 C 语言条件语句的三种形式。

(一) 单分支结构形式

(1) 结构形式。

单分支结构的 if 语句形式为：if(表达式)语句;

(2) 执行过程。

如果表达式的值为真(即表达式的值不等于 0)，则执行其后的语句；否则(即表达式的值等于 0)，不执行该语句。其执行过程如图 3-2[2]所示。

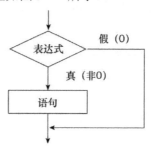

图 3-2　单分支选择结构的执行流程

(3) 应用举例。

例 3-7：编制程序，输入两个数，输出其中的较大值。

1) 算法分析。

本例中要求输出两个数中的较大数，只要将输入的两个数进行一次比较就可以找出其中的较大数。方法有多种：①输入两个数放在 a、b 中，先把 a 存放到 max 中，然后再将 b 和 max 进行比较，如果 b 大于 max，则把 b 放到 max 中。②输入两个数放在 a、b 中，将 a 和 b 进行比较，如果 a>b，则直接输出 a 的值，否则直接输出 b 的值。③输入两个数放在 a、b 中，将 a 和 b 进行比较，如果 a<b，则先交换 a 和 b 的值然后输出 a 的值，否则直接输出 a 的值。

其中，交换变量 a 和 b 的值：需要引进一个中间变量，比如 t，接下来用三条语句实现三个步骤：

t=a；a=b；b=t；

2) 程序设计。

这里用第一种方法进行程序设计，如下：

#include<stdio.h>

```
void main()
{
    int a，b，max;                    //定义变量，max 存放较大数
    printf( " 输入两个数：  " );
    scanf( " %d，%d " , &a，&b);      //输入两个数
    max=a;                           //先把 a 作为较大数
    if(b>max)max=b;                  //单分支结构，如果 b 大于 max，则把 b 作
                                     //为较大数
    printf( " 较大数是：%d\n " , max);  //输出较大数
}
```

其余两种方法，请读者设计程序。

3) 程序运行。

在换算等式中，将 a，b 数值录入；将 a 的值赋给 max，利用 if 等式，比较 max 和 b 的大小，假如 b 的值比 max 大，那么 max=b。所以，max 的数值总是最大的，最后再录入 max 数值。程序的运行结果为①第一次运行结果。输入两个数：10，20，较大数是：20。②第二次运行结果。输入两个数：30，15，较大数是：30。

(二) 双分支结构形式

(1) 结构形式。

双分支结构的 if 语句形式为

if(表达式)

    语句 1；

else

    语句 2；

(2) 执行过程。

如果表达式的值为真，则执行语句 1，否则，执行语句 2。其执行过程如图 3-3 所示。

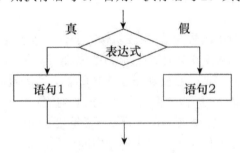

图 3-3　双分支选择结构的执行流程

(3) 应用举例。

例 3-8：编制程序，求一个数的绝对值。

1) 算法分析。

由数学知识可知，x 的绝对值表示为

$$y = \begin{cases} x, & x \geq 0 \\ -x, & x < 0 \end{cases}$$

本例中先输入 x 的值，分两种情况：一种是 $x \geq 0$，另一种是 $x < 0$，所以只需要用一个 if 语句判断一次。如果 $x \geq 0$，则 $y=x$，否则 $y=-x$，最后输出 x，y 的值。程序执行流程如图 3-4 所示。

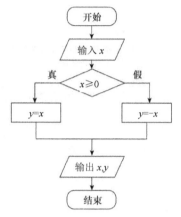

图 3-4　求数 x 的绝对值 y 的流程图

2）程序设计。

```
#include<stdio.h>
void main()
{
    int x，y;
    printf( " 输入一个数： " );
    scanf( " %d " ， &x );              //输入 x
    if(x>=0 )                          //双分支结构
        y=x;                           //x>=0 时，把 x 赋给 y
    else
        y=-x;                          //x<0 时，把-x 赋给 y
    printf( " |%d|=%d\n " ， x，y);     //输出 x，y
}
```

3）程序运行。

本程序用双分支结构 if-else 条件语句判别 x 的大小，若 x 大于等于 0，则把 x 赋给 y，否则把-x 赋给 y，最后输出 y 的值。

程序的运行结果如下：

第一次运行结果：

输入一个数：60

|60|=60

第二次运行结果：

输入一个数：-70

|-70|=70

本例的双分支结构亦可以用条件运算符(表达式1?表达式2：表达式3)实现：

y=(x>=0)?x：-x；

（三）多分支结构形式

(1) 结构形式。

if-else if 条件语句为多分支选择结构，可以用于选择多个不同的分支，以下为其基本形式：

if(表达式1)

　　语句1；

else if(表达式2)

　　语句2；

else if(表达式3)

　　语句3；

...

else if(表达式m)

　　语句m；

else

　　语句n；

(2) 执行过程。

要对表达式的值按顺序进行判断，如果其值为真时，则执行其对应的语句，要让之后的程序被正确执行，需要将 if 语句整个排除；语句 n 在表达式值不为真时被执行，之后再进行下面的程序。图 3-5 展示了 if-else if 条件语句这个多分支结构的执行流程。

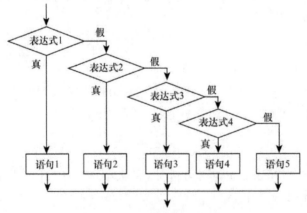

图 3-5　多分支选择结构的执行流程

例 3-9：根据考试的百分制成绩输出相应的等级。设成绩 90 至 100 分为优秀，80 至 89 分为良好，70 至 79 分为中等，60 至 69 分为及格，60 分以下为不及格。

1) 算法分析。

本例中设成绩分为 5 种情况，这里用多分支结构 if-else if 条件语句来实现。

2）程序设计。

```
#include<stdio.h>
void main()
{
    int g;
    printf( " 请输入一个百分制成绩： " );
    scanf( " %d " ，&g);                    //输入一个百分制成绩
    if(g>=90)
        printf( " 成绩为优秀\n " );           //成绩大于或等于 90
    else if (g>=80 )
        printf( " 成绩为良好\n " );           //成绩小于 90 且大于或等于 80
    else if(g>=70)
        printf( " 成绩为中等\n " );           //成绩小于 80 且大于或等于 70
    else if(g>=60)
        printf( " 成绩为及格\n " );           //成绩小于 70 且大于或等于 60
    else
        printf( " 成绩为不及格\n " );         //成绩小于 60
}
```

3）程序运行。

要特别注意的是当第一个表达式 $g \geq 90$ 的值为假时，继续判断第二个表达式 $g \geq 80$，这里隐含的一个条件就是 $g < 90$，若 $g >= 80$ 为真时，表明此时的条件是 $80 \leq g < 90$；其余类同。程序的运行结果如下：

① 第一次运行结果。

请输入一个百分制成绩：95

成绩为优秀

② 第二次运行结果。

请输入一个百分制成绩：86

成绩为良好

③ 第三次运行结果。

请输入一个百分制成绩：74

成绩为中等

④ 第四次运行结果。

请输入一个百分制成绩：63

成绩为及格

⑤ 第五次运行结果。

请输入一个百分制成绩：46

成绩为不及格

三、开关语句阐述

(一) 开关语句的格式与执行

C 语言还提供了另一种用于多分支选择的 switch 语句，其一般形式为

```
switch(表达式)
{
        case 常量表达式 1：语句 1；
        case 常量表达式 2：语句 2；
        …
        case 常量表达式 n：语句 n；
        default：语句 n+1；
}
```

switch 后面表达式的值应为整型或字符型。switch 下面应该是一对花括号，由若干语句组成一个复合语句。

执行 switch 语句时，先计算 switch 后面表达式的值，并逐个与其后的常量表达式的值相比较，如果在常量表达式的数值与表达式数值相等的条件下，可以执行后面的计算公式，无须再进行查验；接着继续执行后面所有的 case 公式，但是 case 后常量表达式数值与表达式数值存在差异时，需要利用 default 语句计算。

(二) 开关语句的使用注意事项及说明

1. 使用注意事项

(1) 正确的应用应是保证 case 之后的每个常量值都不同。

(2) case 后面可以出现使用 "{}" 的更多语句。

(3) 在 case 后，允许为空，即多个 case 可以共用一个或多个语句。

(4) 程序执行的最终结果不会受到 default 和 case 子句在顺序上变化的影响。

(5) break 语句一般会出现在 case 语句后面，这样才可以使程序在执行时跳出 switch 语句，让输出结果变得正确。

(6) default 子句可以省略不用。

2. 使用注意说明

将例 3-9 使用 switch 语句实现如下，通过该例分别说明以上注意点。

```
#include<stdio.h>
void main()
{    int g；char d；
     printf(" 请输入一个百分制成绩： ");
     scanf(" %d ", &g);                      //输入一个百分制成绩
     switch(g/10)                            //将 g 除以 10 取整数作为表达式的值
```

```
        {
            case 0:                          //当表达式的值为 0 时
            case 1:                          //当表达式的值为 1、0 时
            case 2:                          //当表达式的值为 2、1、0 时
            case 3:                          //当表达式的值为 3、2、1、0 时
            case 4:                          //当表达式的值为 4、3、2、1、0 时
            case 5: d='E'; printf("成绩为不及格\n"); break;
                                             //当表达式的值为 5、4、3、2、1、0 时
            case 6: d='D'; printf("成绩为合格\n"); break;
                                             //当表达式的值为 6 时
            case 7: d='C'; printf("成绩为中等\n"); break;
                                             //当表达式的值为 7 时
            case 8: d='B'; printf("成绩为良好\n"); break;
                                             //当表达式的值为 8 时
            case 9:                          //当表达式的值为 9 时
            case 10: d='A'; printf("成绩为优秀\n"); break;
                                             //当表达式的值为 10、9 时
        }
    }
```

四、选择结构程序设计及应用实例

（一）选择结构程序设计概述

（1）问题分析。

此类问题的解决总是用选择结构根据已知条件选择不同的计算或处理方式。分析：①实现要完成的功能采用的方法步骤；②输入哪些数据及其类型；③对输入数据的处理；④输出数据及其格式。

（2）算法分析。

此类问题的算法一般较简单，主要是根据一些初始数据或对初始数据的处理结果进行判断，再依据判断的结果选择不同的执行分支。

常见的算法有：比较数的大小、分段函数的计算、求解一元二次方程的根、模拟计算器、奖金发放、所得税计算、货款计算等。

（3）代码设计。

1）输入原始数据。

2）用条件语句或开关语句根据判断的结果选择不同的语句进行计算或处理。

3）输出计算或处理结果。

（4）运行调试。

用初始数据的不同情况分别测试程序的运行结果。

(二) 选择结构程序设计应用实例

例 3-10：输入三个整数，输出其中的最大数和最小数。

(1) 算法分析。

首先输入三个整数放在变量 a、b、c 中，然后比较 a，b 的大小，把其中大的数放入变量 max，小的数放入变量 min 中，接着再将 c 与 max 和 min 进行比较，若 c 大于 max，则把 c 放入 max 中；如果 c 小于 min，则把 c 放入 min 中；最后输出 max 和 min 中的值即可。

(2) 程序设计。

```
#include<stdio.h>
void main()
{
    int a，b，c，max，min;                //定义变量，max 表示最大，min 表示最小
    printf( " 请输入三个整数： " );
    scanf( " %d，%d，%d " ，&a，&b，&c);
                                        //输入三个整数
    if(a>b)
    {max=a; min=b; }                    //a 大于 b 时，a 放入 max 中，b 放入 min 中
    else
    {max=b; min=a; }                    //a 小于 b 时，b 放入 max 中，a 放入 min 中
    if(c>max)
        max=c;                          //c 大于 max 时，c 放入 max 中
    else if(c<min)
        min=c;                          //c 小于 min 时，c 放入 min 中
    printf( " 最大数是：%d，最小数是：%d\n " ，max，min);
                                        //输出最大数、最小数
}
```

(3) 程序运行。

在整个运算公式中，第一步需要根据 a，b 数值大小的不同，将较大的数值录入在 max 中，另一个较小的数值放入 min 中，之后与 c 进行对比。如果 c 比 max 大，那么 c 的数值则赋给 max；若 c 比 min 小，需要将 c 赋给 min。所以，max 中的数值保持最大，min 中数值保持最小，最后再得出 max 和 min 数值。程序的运行结果如下：

① 第一次运行结果。

请输入三个整数：5，9，16

最大数是：16，最小数是：5

② 第二次运行结果。

请输入三个整数：12，7，22

最大数是：22，最小数是：7

③ 第三次运行结果。

请输入三个整数：19，17，11

最大数是：19，最小数是：11

本例也可以先将 a 放入 max 和 min 中，然后将 b 和 c 分别与 max、min 进行比较，若比 max 大，则将其放入 max 中，若比 min 小，则将其放入 min 中。程序请读者自己设计。

第三节 循环结构程序设计解析

一、循环结构程序的引用

(一) 引例

在实际应用中，经常需要做某些重复执行的操作。如果这些重复执行的操作每做一次都要写一遍程序代码的话，则将是比较烦琐的。

引例：已知某班级 35 个学生的 C 语言程序设计课程的考试成绩，求该课程的平均成绩，并输出不及格学生的信息(含学号和成绩)。

问题分析：该例需要多次输入学生的学号和成绩，同时还要进行求和运算。若不采用循环结构，则程序可能是比较冗长的。

部分程序代码如下：

```
#include<stdio.h>
void main()
{    int num，score，sum，aver，n;
     sum=0;                              //总分变量置为 0
     n=0;                                //学生人数变量置为 0
     printf( " 请输入学生的学号和成绩： " );
     scanf( " %d，%d " ，&num，&score);    //输入学生的学号和成绩
     if(score<60)printf( " %d，%d\n " ，num，score);
                                         //成绩小于 60 时输出
     sum=sum+score;                      //成绩求和
     n=n+1;                              //人数加 1
     printf( " 请输入学生的学号和成绩： " );
     scanf( " %d，%d " ，&num，&score);
     if(score<60)printf( " %d，%d\n " ，num，score);
     sum=sum+score;
     n=n+1;
     …                                  //上述程序段还要重复 33 次
     aver=sum/n;
     printf( " 平均成绩为：%d\n " ，aver);
```

```
}
```

本例的程序代码还没有写完整，其中的重复部分代码要写 35 次，从这里可以看出，多次重复书写相同的程序段是比较烦琐的，导致程序冗长。

(二) 循环结构的概念

上述例子及类似的问题必须借助于循环来解决，使用循环后，编写程序就非常方便了。所谓循环是指程序中某一程序段需要反复多次执行,实现程序循环操作时所使用的结构称为循环结构。循环结构在结构化程序设计中占有很重要的地位，和其一起能组成基本构造单元的，还有顺序结构和选择结构。

循环结构的特点十分显著，当既定的条件成立时，会循环程序段，除非条件不对等，把既定条件设计为循环条件。因此，将控制循环执行的变量称为循环变量，反复执行的程序段称为循环体[①]。

本节将介绍 C 语言中的三种基本循环：当型循环(while 循环)、直到型循环(do-while 循环)和计数型循环(for 循环)以及循环程序设计的方法、循环程序设计的典型应用实例。

二、当型循环与直到型循环

(一) 当型循环概述

(1) 当型循环的一般形式。

当型循环依靠 while 语句执行时，以下为其基本形式：

while(表达式)语句；

循环体用语句表示，循环条件则用表达式表示。

(2) 当型循环的执行。

首先计算表达式的值，然后判断表达式的值是否为真。当值为真(非 0)时，执行循环体中的语句。

(3) 当型循环的使用注意点。

下面是 while 循环在使用中应强调的问题。

1) 逻辑和关系两种表达式都可以表示 while 语句，只要表达式的值为真(非 0)就继续循环。例如：

```c
#include<stdio.h>
void main()
{
    int a=0，n;
    printf(" 请输入 n： ");
    scanf(" %d "，&n);
    while(n--)
```

---

① 孙华，于炯，田生伟等.《C 语言程序设计》中循环结构的教学方法探讨[J]. 中国科技信息，2012(8)：238.

```
        printf( " %d " ， a++*2);
    printf( " \n " );
}
```

在此例中，n 次循环是这个程序要执行的，每执行一次，n 值减 1，a++*2 这个值表示输出表达式的循坏，a*2；a++与此表达式的效果一样。

2) 假如循环体的数量在一个以上，需要用"{}"进行组合，形成复合语句进行计算。

(二) 直到型循环概述

(1) 直到型循环的一般形式。

do-while 语句可以用于表示直到型循环，其基本形式为

do

　　语句；

while(表达式)；

(2) 直到型循环的执行。

do-while 和 while 两个循环是不同的：do-while 会对循环体中包含的语句优先执行，再对表达式的真假进行判定，若是真的继续执行，若是假的则停止执行。循环语句在 do-while 循环时必须执行。

三、计数型循环阐述

(1) 计数型循环的一般形式。

在 C 语言中，计数型循环一般是通过 for 语句实现的。for 语句使用最为灵活，它完全可以取代 while 语句或 do-while 语句。for 语句的一般形式为

for(表达式 1；表达式 2；表达式 3)语句；

(2) 计数型循环的执行过程。

for 语句的执行过程：①先求解表达式 1。②求解表达式 2，若其值为真(非 0)，则执行 for 语句中指定的内嵌语句，然后执行下面第③步，若其值为假(0)，则结束循环，转到第⑤步。③求解表达式 3。④转回第②步继续执行。⑤循环结束，执行 for 语句下面的一个语句。

(3) for 语句简单的应用形式。

以下展示的是最简单和容易理解的 for 语句：

for(循环变量赋初值；循环条件；循环变量增量)

语句；

赋值语句从根本上说是循环变量赋初值，作用是控制和循环；关系表达式所代表的是循环条件，作用是控制退出时间；当循环开始之后循环变量增量会控制变化的方式；";"用于隔开这三部分。

四、三种循环的对比

(1) 构思循环计算方式的不同。

通常情况下，这三种循环之间可以互为替代，也可以解决相同问题。不过最好根据每种循环的不同特点选择最适合的循环。

在描述循环计算时，选用哪一种循环结构编写程序，主要以算法设计的想法为依据，至少有以下三种构思循环计算的方式。

1) 当条件成立时循环执行某个计算，直至条件不成立时结束循环。

2) 循环执行某个计算，直至条件不成立时结束循环。

3) 某个(某些)变量从初值开始，顺序变化，对其中的每一个(或一组)值，当条件成立时，循环执行某个计算，直至条件不成立时结束循环。

(2) 编写代码的不同。

1) 在 while 语句和 for 语句中，循环表达式的求值和测试在前，循环体执行在后，因此，极端情况下循环体可能一次也没有被执行。而在 do-while 语句中，循环体执行在前，循环表达式的求值和测试在后，因此，循环体至少被执行一次。

2) 书写 do-while 语句时，最后要接上一个分号，这是句法要求；而对于 while 语句和 for 语句，如果它们的循环体是一个表达式语句时，则最后也要以分号结束，但这个分号是该表达式语句的要求。

3) 循环时，使用 do-while 和 while 语句时，特定的循环条件只需放在 while 之后，要结束循环，需要将相关语句放在循环体内；循环依靠 for 语句时，"表达式3"中可以有结束循环的操作。通常情况下，for 语句和 while 语句都可以完成循环。若想让循环变量回到最初，可采用"表达式1"的 for 语句。

五、循环结构程序设计及应用实例

(一) 循环结构程序设计概述

(1) 问题分析。

此类问题的解决总是用循环结构完成程序段的多次重复执行。分析：①实现要完成功能的方法步骤；②输入数据及其类型；③对输入数据的处理；④输出数据及其格式。

(2) 算法分析。

此类问题的算法一般较复杂，主要是恰当选择循环语句实现对循环体的重复执行，特别是累加和累乘的算法实现。

常见的典型算法有：求各种数(最大数或最小数、最大公约数和最小公倍数、水仙花数、回文数、完数等)、哥德巴赫猜想、求解表达式的近似值(多项式、级数的和等)、方程求根(牛顿迭代法、二分法)、求定积分的值(矩形法、梯形法、抛物线法)、数据加密、整币兑零钞等。

(3) 代码设计。

1) 输入原始数据。

2) 恰当选用当型循环语句、直到型循环语句或计数型循环语句实现循环体的重复执行。特别注意有关循环变量初值语句及其位置的确定、循环体中累加或累乘的形式的表示。

3) 输出计算或处理结果。

(4) 运行调试。

用初始数据的不同情况分别测试程序的运行结果。

（二）循环结构程序设计应用实例

例 3-11：求两个正整数 m 和 n 的最大公约数和最小公倍数。

（1）算法分析。

最小公倍数为两个正整数 m 和 n 的乘积除以最大公约数，所以只要求两个正整数 m 和 n 的最大公约数即可。求两个正整数 m 和 n 的最大公约数采用的是欧几里德算法。

（2）程序设计。

```c
#include<stdio.h>
void main()
{   int m, n, t, p, r;
    printf( " 输入两个正整数： " );
    scanf( "%d, %d ", &m, &n);        //输入两个正整数
    if(m<n){t=m; m=n; n=t; }          //将 m、n 中的较大数放入 m 中，较小数放
                                      //入 n 中
    p=m*n;                            //将 m、n 的乘积放入 p 中
    do                                //欧几理德算法求最大公约数
    {   r=m%n;
        m=n;
        n=r;
    }while(r!=0);
    printf( " 最大公约数是：%d\n ", m);   //最大公约数在变量 m 中
    printf( " 最小公倍数是：%d\n ", p/m);
}
```

（3）程序运行。

① 第一次运行结果：

输入两个正整数：24，36

最大公约数是：12

最小公倍数是：72

② 第二次运行结果：

输入两个正整数：72，36

最大公约数是：36

最小公倍数是：72

③ 第三次运行结果：

输入两个正整数：32，84

最大公约数是：4

最小公倍数是：672

④ 第四次运行结果：

输入两个正整数：15，22

最大公约数是：1

最小公倍数是：330

例 3-12：利用公式 $\frac{\pi}{4} \approx 1 - \frac{1}{3} + \frac{1}{5} - \frac{1}{7} + \cdots$，求 π 的近似值，要求被舍去的项绝对值小于 10^{-6}。

(1) 算法分析。

本例中要求根据公式求 π 的近似值，由于不能事先确定公式中的项数，所以循环的次数就不能确定。用变量 s 表示整个表达式的值，变量 t 表示每一项，n 表示每一项的分母，变量 f 表示每一项的数符。用 while 语句实现循环，循环的结束条件是 t 的绝对值小于 10^{-6}，循环体实现累加用语句 s=s+t；形成每一项的分母用语句 n=n+2；形成每一项用语句 t=f*1/n；形成下一项的符号用语句 f=-f。

(2) 程序设计。

```
#include<stdio.h>
#include<math.h>                        //包含数学函数的头函数
void main()
{
    int f;                              //f 表示每一项的符号
    float n，t，s;                       //n 表示每项的分母，t 表示每一项，s 表示表
                                        //达式的值
    t=1；s=0；n=1；f=1;                  //变量设置初值
    while(fabs(t)>=1e-6)                //当每项的值大于或等于 10⁻⁶时，进行循环
    {   s=s+t;                          //将每项的值加到 s 中
        n=n+2;                          //形成下一项的分母
        f=-f;                           //形成下一项的符号
        t=f*1.0/n;                      //求下一项
    }
    s=s*4;                              //求 π 的值
    printf( " π 的近似值是：%.6f\n " , s); //输出 π 的值
}
```

(3) 程序运行。

运行结果：

π 的近似值是：3.141594

第四节　C 程序设计课程多元评价的实现

一、C 程序设计课程多元评价的系统

(1) 系统环境。

微软的开发平台可以提供良好的开发环境，使系统的性能和兼容性得到提高，具体配置见表 3-5[31]和表 3-6。

表 3-5　客户端环境配置

环境	要求项	要求
软件环境	操作系统	操作系统要选择高于 Windows 2000 的版本
		Mac Os 以及 Linux 在内的桌面操作系统
	软件平台	版本高于 Explorer6 Microsoft Internet
		浏览器可以是不同版本
硬件环境	CPU	1.8 GHz 或 2 GHz 以上的主频
	内存	大于 512 M
	硬盘空间	大于 40 G

表 3-6　服务器端环境配置

环境	要求项	要求
软件环境	操作系统	Windows Server 2003
		更高版本的 Windows 服务器操作系统
	软件平台	Dot Net Framework 3.5
	数据库	Microsoft SQL Server 2008
硬件环境	CPU	主频 2 GHz 或更快
	内存	1 G 或更大
	硬盘空间	80 G 或更多

(2) 系统体系结构。

系统采用业务层、表示层和数据模拟层这三层体系结构，即 B/S 结构。应用程序在业务上的应用主要依靠业务层完成，业务服务用 SI 实现，业务在大活动上的执行依靠 BW，实现基本的业务依靠 BC，封藏数据容器和将特定数据隐藏依靠 BE。与用户的互动依靠表示层提供的 UI 界面，要采集和展现数据，也要依靠 UI。访问外部系统则要依靠数据层。整个系统的基础性服务依靠通信、运行管理和系统的安全性实现。

(3) 系统网络架构。

浏览器为客户端提供了访问系统的通道。业务逻辑层和表示层程序共同由 Web 服务器管理；后台数据库则由数据库服务器负责。数据库与 Web 服务器以及 Web 服务器与客户端之间，都会有相应的防火墙软件，保证系统安全。

二、C 程序设计课程多元评价的关键技术

(1) 客观题测评技术。

客观题采用计算机批阅(见图 3-6[31])。试题库会在系统指示下，对比学生的答案，若答案相同则正确，答案不同则错误。但是，填空题不只会有一个正确答案，鉴于正确答案有多个，因此标准就是考生的答案与参考答案有一个相同即可。

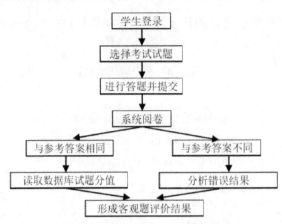

图 3-6　客观题评价与反馈模型

(2) 计算机作业和编程题测评技术。

.c 文件为学生向系统提交的作业，编译器则选用 C++编译器。若文件名称为 Compile Error.txt，则代表编译发生错误，这是系统自动在学生作业目录下创建的，可以将编译器所编译的信息全部收录在内；若文件名称为.exe，则表示系统通过编译，程序对优的判断是双方结果相同，反之则是差。

图 3-7 展示了教师结合计算机方式批阅编程题过程，该方式不仅让评价非常客观，也提高了教师的阅卷速度。系统若是给出"编译通过，链接成功"的提示，则表示学生通过了程序编程。若程序编译错误，则系统反馈错误信息。教师评分采用将学生的实际程序代码结合系统给予的学生编程结果的方式进行。

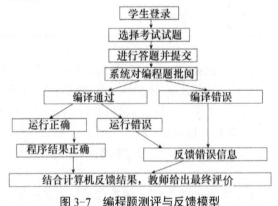

图 3-7　编程题测评与反馈模型

三、系统功能模块的实现

(1) 多元评价主体实现。

多元系统评价的主体构成包括学生小组、学生本人、教师和计算机。系统会根据用户的信息自动区分学生、学生小组和教师，为不同角色匹配出与其对应的界面。

(2) 多维评价内容实现。

多维的评价内容包括平时作业、实验作业、在线考试、学习态度四个方面。

1) 平时作业。教师将学生的平时作业成绩加在作业考核中，需要将作业名称、要求标准、参考答案以及输出结果进行录入，需要将参考答案进行格式转换，即利用 Highlight Code Converter，将 C 程序代码转换成 HTML 语言代码。在进行录入时，教师需要在上传作业的列表中选择出合适的题目，公布于网站上，有利于学生查看作业布置情况，还需要规定作业统一的格式和标准。需要注意的一点是，输入 scanf 语句需要录入的指定数据时，如果在运行计算过程中，需要加入参数条件，则要求在运行前录入数据参数。

学生作业在用计算机进行评价时，优的评判标准为编译正确并且运行通畅，反之则为差。

2) 实验作业。实验作业与平时作业基本相同，需要学生附加一份实验报告，并且根据实验报告情况以及作业完成水平，由教师、学生本人、学生小组分别进行成绩考核，之后由系统进行汇总换算，从而得出实验作业的最后成绩，计算机会将最后的评价结果反馈给学生和教师。

3) 在线考试。教师需要将 xml 格式试卷输入数据库中，学生登录获取试卷，随后进入考试过程，最后学生完成答卷并上传试卷，由教师和电脑系统共同对试卷进行评分，完成考试。

4) 学习态度。在态度评价过程中，依次由学生本人、教师和学生小组分别进行评价，提交给系统之后，进行汇总换算，最后将结果反馈给教师和学生。

第四章 C语言交互式可视化教学平台的设计与实现

C语言是仅产生少量的机器语言以及不需要任何运行环境支持，便能运行的高效率程序设计语言，能够以简易的方式编译、处理低级存储器。本章论述基于 Web 的 C 语言交互式可视化教学平台的设计，分析 C 语言代码分类算法，探讨 C 语言在线集成开发环境设计与实现，并对实现的 C 语言交互式可视化教学平台进行测试。

第一节 基于 Web 的 C 语言交互式可视化教学平台的设计

一、总体设计思路

由于 Web 模式中，软件具有广泛性和多元性的特征，因此把 Web 浏览器作为平台的交互接口。C 语言交互式可视化教学平台采用 B/S 结构，如图 4-1 所示[36]，以 Web 的形式将平台的基本功能呈现给用户。分类模块和集成开发模块共同构成该平台。

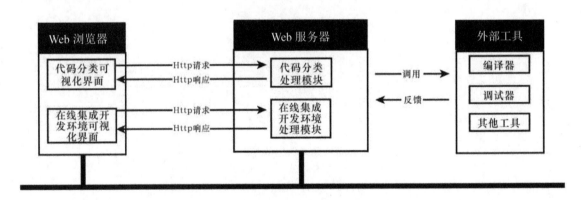

图 4-1 系统框架图

前端界面借助 Web 浏览器展现出来，并通过联网方式向 Web 服务器发起 Http 请求，服务器收到请求后发送到相应模块进行处理，再将结果发送到 Http 响应，浏览器收到服务器结果后，将其转为可视化的形式呈现。系统框架图中各个模块的解释见表 4-1[36]。

表 4-1 系统框架各模块解释

模块名称	模块说明
代码分类可视化界面	代码分类界面用于展现代码分类结果，并查看题目信息、分类情况、代码对比等数据

续表

模块名称	模块说明
在线集成开发环境可视化界面	用户编程界面，用户借助该界面进行代码编写、编译代码、运行代码、调试代码、查看程序运行状态操作等
代码分类处理模块	代码分类处理模块是 Web 服务器的主要功能模块之一，负责处理与代码分类相关的请求，执行代码分类算法以及对代码进行分类
集成开发环境处理模块	在线集成开发环境处理模块是 Web 服务器的第二个重要模块，负责处理在线集成开发环境页面请求，调用外部工具进行处理
编译器	GCC 编译器是本书使用的外部工具之一，用于对代码进行编译，并从中提取编译结果
调试器	GDB 调试器是本书使用的另一个外部工具，通过调用调试器，对代码进行调试，并向调试器写入调试命令，从调试器中提取结果
其他工具	如代码格式化工具、生成代码函数调用关系工具、生成代码执行过程的跟踪文件等

二、MVC 系统架构设计

本系统使用 MVC 架构进行设计，MVC 开始存在于桌面程序中，M(Model)是指业务模型，V(View)是指用户界面，C(Controller)则是控制器。使用 MVC 的目的是将 M 和 V 的实现代码分离，从而使同一个程序可以使用不同的表现形式。比如一批统计数据可以分别用柱状图、饼图表示。C 存在的目的则是确保 M 和 V 的同步，一旦 M 改变，V 应该同步更新。

(一) 视图设计

视图是用户看到并与之交互的界面。对传统的 Web 应用程序来说，视图是由 HTML 元素组成的界面；在新式 Web 应用程序中，HTML 依旧在视图中扮演着重要角色，但一些新的技术已层出不穷，包括 Adobe Flash 和 XHTML、XML/XSL、WML 等标识语言以及 Web Services。

MVC 好处是能够为应用程序处理不同视图。在视图中，并没有真正的处理发生，不论这些数据是联机存储的还是一个雇员列表，作为视图，其只是作为一种输出数据并允许用户操纵。具体分为以下视图区域：

(1) 编辑区域；

(2) 断点设置区域；

(3) 命令控制区域；

(4) 输出区域。

（二）模型设计

模型：体现业务流程/状态的处理以及业务规则的制定。业务流程的处理过程对其他层来说是黑箱操作，模型接受视图请求数据，并返回最终的处理结果。业务模型的设计是 MVC 的核心，目前流行的 EJB 模型就是一个典型的应用例子。它从应用技术实现的角度，对模型做了进一步划分，以便充分利用现有组件，但不能作为应用设计模型框架。本平台模型的设计如图 4-2 所示。

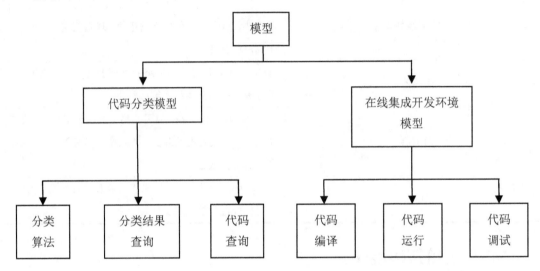

图 4-2 模型设计

对一个开发者来说，可以专注于业务模型的设计。MVC 设计模式告诉我们，把应用的模型按一定规则抽取出来，抽取的层次很重要，这也是判断开发人员是否优秀的依据。抽象与具体不能隔得太远，也不能太近。MVC 并没有提供模型的设计方法，而应该组织管理这些模型，以便于模型的重构和提高重用性。通常可以用对象编程做比喻，MVC 定义了一个顶级类，告诉它的子类能做这些，但无法限制开发者只能做这些。这点对编程的开发人员非常重要。

（三）控制器设计

控制器可以理解为从用户接收请求，将模型与视图匹配在一起，共同完成用户请求。控制器的作用很明显，其清楚地告诉人们，它是一个分发器，选择什么样的模型，选择什么样的视图，可以完成什么样的用户请求。控制器并不做任何数据处理。例如，用户点击一个链接，控制器接受请求后，并不处理业务信息，它只把用户的信息传递给模型，告诉模型做什么，选择符合要求的视图返回给用户。因此，一个模型可能对应多个视图，一个视图可能对应多个模型。本平台设计了三个控制器，如图 4-3 所示。

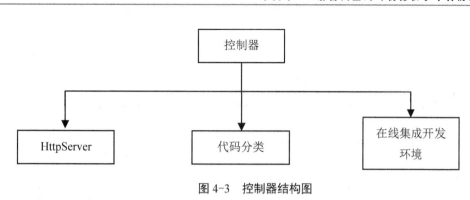

图 4-3　控制器结构图

三、数据通信环节设计

合理的通信方式和数据模式，有助于前后端平台进行有效的数据交互。该平台主要有两个功能，分别是代码分类和在线集成开发环境。系统对页面文件的加载请求采用 get 方式，对于页面上用户操作的数据请求采用 post 方式，对于通信数据内容的具体设计，见表 4-2 和表 4-3。

表 4-2　代码分类相关请求数据格式

请求类型	发送数据内容	返回数据内容
获取题目列表	无	1.请求结果 2.题目编号 3.题目描述
获取题目对应的分类情况	题目编号	1.请求结果 2.类编号 3.类大小
获取类内的代码	类编号	1.请求结果 2.代码学号 3.代码路径
获取指定代码	代码路径	返回代码文件

表 4-3　在线集成开发环境相关请求数据格式

请求类型	发送数据内容	返回数据内容
编译代码	1.最新代码内容 2.代码文件名	1.请求结果 2.代码文件名 3.编译结果
运行代码	1.最新代码内容 2.代码文件名 3.输入数据	1.请求结果 2.代码文件名 3.运行结果
调试代码	1.最新的代码内容 2.代码文件名 3.输入数据 4.调试器 id	1.请求结果 2.代码文件名 3.调试器 id 4.调试器返回结果

续表

请求类型	发送数据内容	返回数据内容
输入调试命令	1.调试器 id 2.调试命令	1.请求结果 2.调试器 id 3.调试器返回结果
查看程序运行状态	1.最新代码内容 2.代码文件名 3.输入数据	1.请求结果 2.代码文件名 3.程序跟踪文件

第二节　C 语言代码分类算法分析

在学生完成教师布置的作业后，教师对作业进行批改时，可以先运用一个将代码分类的算法，将学生提交的作业进行自动类别区分，既可以节省教师进行相同类别代码的批改时间，又可以在分类后对比学生解题思路的不同，从而对学生的学习进度和情况进行充分了解。

一、C 语言代码分类算法总体步骤

C 语言代码分类算法的输入为代码集合 Codes{code1，code2，…，codei，…，coden}，输出为代码分类列表 ClassifyList{{code1，code2，…}，{codei，…}，{codej，…}…}，ClassifyList 初始为空。算法总体步骤如下：

(1) 输入代码集合。
(2) 按代码结构即函数调用关系的相似性进行第一次分类。
(3) 对步骤 2 的结果按内容相似性进行第二次分类。
(4) 输出分类结果。

二、按代码结构相似度进行分类

代码结构即函数调用关系，按代码结构相似度分类的具体步骤如下：
(1) 用 cflow 工具生成对应于每个代码函数之间的具体调用关系。
(2) 读取每个代码对应的函数调用关系文件。
(3) 对比两个不同函数之间的调用关系，将其中相似的划归为一类，不相似的划归成一类。
(4) 用可以判断函数调用关系的 hash 函数，进行数据的储存及分类。这种表中的存储方式是链式存储，在存储中只对比第一个元素，因此其复杂程度稳定，稳定性可以用 $O(n)$ 表示(n 是代码的所有集合大小)。最终的输出成果以函数之间调用关系的相似程度确定。

运用算法比较两个函数之间的调用关系，如图 4-4[36]和 4-5 所示。在这个过程中，算法从第 1 行开始依次向下对同层函数进行比较。

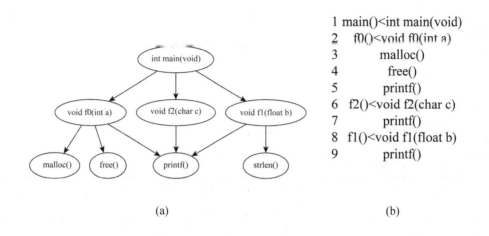

(a)　　　　　　　　　　　　　　(b)

图 4-4　函数调用关系 1

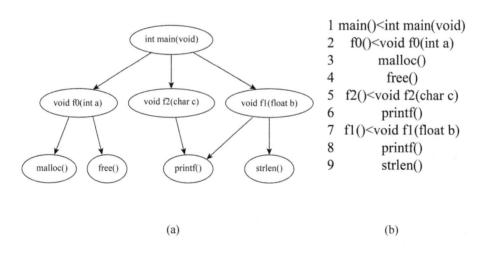

(a)　　　　　　　　　　　　　　(b)

图 4-5　函数调用关系 2

三、按代码内容相似度进行分类

按上述方式进行输出算法，得出结果 ClassifyList[i]，对这个结果进行第二次分类，从而得到最终结果。这种算法由两个部分组成：第一是函数代码块，第二是全局变量代码块。具体步骤如下：

(1) 代码格式化，对每个代码进行格式化并将格式化后的代码保存到新的文件中，见表 4-4[36]。

表 4-4 代码格式化

格式化前 code1	格式化后 code2
#include <stdio.h>	#include <stdio.h>
//main func	void main()
void main()	{
{ int a，b，c，d;	int a，b，c，d;
printf("");	printf("");
scanf("%d%d%d"，&a，&b，&c);	scanf("%d%d%d"，&a，&b，&c);
d=a+b+c;	d=a+b+c;
if(a+b>c&&a+c>b&&b+c>a)	if(a+b>c&&a+c>b&&b+c>a)
printf("%d\n"，d);	printf("%d\n"，d);
else	else
printf("NO");	printf("NO");
}	}

(2) 单步执行代码，记录程序运行的状态，生成跟踪文件。

表 4-5 跟踪文件

跟踪文件某一步的部分数据

```
"encoded_locals": {
"a": [
"C_DATA",
"OxFFEFFFE58",
"int",
1
],
"b": [
"C_DATA",
"OxFFEFFFE5C",
"int",
2
            ],
"c": [
"C_DATA",
"OxFFEFFFE60",
"int",
3
            ],
"d": [
"C_DATA",
"OxFFEFFFE64",
"int",
"<UNINITIALIZED>"
]
            },
```

(3) 在所进行跟踪的具体文件中，进行变量值序列的提取，对步骤 2 所产生的具体跟踪文件，进行变量的取值。

(4) 识别普通变量和特殊变量。普通变量其实是值序列完全相同的两个变量，主要通过变量 fsum 和 gsum 对比，相反则为特殊变量，见表 4-6。

表 4-6　识别普通变量和特殊变量

Code1	Code2	Code3

int f(int n)
{
　int fsum=0，j=0；
　for(j=0；j<n；j++)
　fsum+=j；
　return fsum；
}
	int g(int N)
	{
	　int sum=0，i=0，tmp=1；
	　for(i=0；i<N；i++)
	　gsum=gsum+i；
	　return gsum；
	}
		int h(int n)
		{
		　int fsum=0，j=0；
		　for(j=0；j<n；j++)
		　fsum+=j；
		　return fsum；
		}

n：5	N：5	n：5
j：0，1，2，3，4，5，6	i：0，1，2，3，4，5，6	j：0，1，2，3，4，5，6
fsum：0，1，3，6，10，15	gsum：0，1，3，6，10，15 tmp：1	fsum：0，1，3，6，10，15

(5) 对变量进行重命名。重命名主要体现在普通变量中，将其名字换成多次出现的变量。表 4-6 中可以看出 fsum 出现次数较多，且多于 gsum，则将 gsum 的名字改为 fsum。因此，需要对两种命名冲突进行解决。

1) 普通变量和普通变量冲突。如果识别出两个普通变量名字相同，如两个变量名都为 i，则将第二次出现的 i 改为 iA，第三次出现的 i 改为 iC，依此类推。

2) 普通变量和特殊变量冲突。若重命名后普通变量名与特殊变量名相同，则将特殊变量名后面加下画线。

和步骤(4)相同，此处也需重命名，首先重命名全局变量，再重命名局部变量。

(6) 分类比较代码，具体使用字符串进行比对。

四、代码相似度评估方法

在软件系统中，进行相似度的比较：软件 P 和 X。元素 P_1，P_2，$\cdots$，P_m 组成 P 的集合，元素 X_1，X_2，$\cdots$，X_n 组成 X 的集合。这两个软件中的元素可以代表这两个文件或者是代码行。

如果可以得出 P_i 与 X_j($1 \leq i \leq m$ 且 $1 \leq j \leq n$)互相匹配的结果，则 R_s 表示所有得出的匹配对(P_i，X_j)，并且 $R_s \subseteq P \times X$，那么 P 和 X 的相似性定义如下：

$$S(P,X) = \frac{\left|\{P_i|(P_i,X_j) \in R_s\}\right| + \left|X_j|(P_i,X_j) \in R_s\right|}{|P|+|X|}$$

S 是 R_s 中包含元素的个数与 P 和 X 中包含的元素个数之间的一个比值。S 随着 R_s 变小而变小，如果 $R_s \neq \varnothing$，那么 $S=0$；如果 $P=X$，那么 $S=1$。可以看出，软件 P 和 X 之间有着抄袭现象。

这种分类算法单独比较 C 语言中函数局部变量和全局变量，因此进行相似度衡量时，也应结合这两者的相似性。全局变量中代码集合表现为：$G_1\{g_1, g_2, g_3, \cdots\}$，$G_2\{g_1, g_2, g_3, \cdots\}$。全局变量相似性公式为：$S_g=|G_1 \cap G_2|/((|G_1|+|G_2|)/2)$，$G_1 \cap G_2$ 是 G_1 与 G_2 相同的代码行，S_g 表示全局变量的相似性。

所有函数的代码集合可以表示为：$F_1\{f_1, f_2, f_3, \cdots\}$，$F_2\{f_1, f_2, f_3, \cdots\}$，函数相似性表示为：$S_f=|F_1 \cap F_2|/((|F_1|+|F_2|)/2)$，$F_1 \cap F_2$ 是 F_1 和 F_2 相同层次、相同的函数代码行的总和，$|F_1|+|F_2|$ 为对比之后的代码行总和，S_f 代表函数相似性。

第三节　C 语言在线集成开发环境的设计与实现

学习编程时，集成开发环境是重要的工具。传统的集成开发环境需要下载、安装以及配置，步骤烦琐。将其移植到 Web 端改为使用浏览器访问，会大大提高学习和开发效率。这种方式也有利于代码在相同的编译环境运行，免除学生学习中的不必要困难。

一、C 语言在线集成开发环境总体设计

根据对现有在线集成开发环境分析，采用传统在线评测系统的设计思路，使用 B/S 结构，用浏览器进行代码编辑、编译、运行以及调试。功能界面比较简单，代码提交后，后台进行自动调试以及运行，并将结果反馈给用户，如图 4-6 所示。

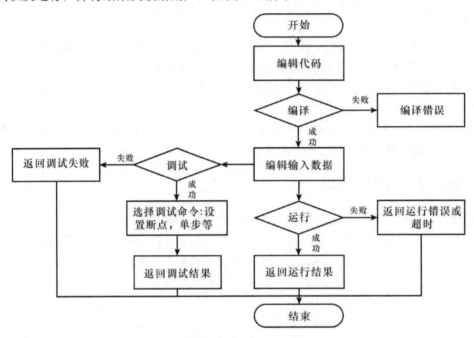

图 4-6　系统流程图

二、C 语言在线集成开发环境功能设计与实现

C 语言在线集成开发环境主要设计和实现了代码编辑、代码编译、代码运行和代码调试 4 个基本功能模块。在使用代码调试和代码编辑以及代码运行时，要使用到这两种技术，也就是管道技术与 I/O 重定向。

"管道"指在 Linux 运行时通信的一种手段。在 Linux 中，管道是一个很特别的文档。管道有两个端口，一边能够进行读的操作，一边可以进行写的操作。管道之中，运转的数据根据顺序进行传输，"读"操作在管道的前端展开，"写"操作在管道的末端展开，这两个过程的配

合形成管道数据读写的传导。

在 Linux 之下，标准程序的输出和输入本质上是两种特别的文本，然而 I/O 重定向技术的功能，是把一种程序的标准输出或标准输入重新设定为其他文档。在这个系统里，是把程序的输出和输入重新定向成管道。

(一) 代码编辑功能

集成开发环境中，最根本的功能是代码编辑功能，该功能可以满足编辑人员编写代码的需要。针对刚开始学习 C 语言的人来讲，代码补全以及代码提示两个功能非常重要，从中可以看出一个良好的集成开发环境与普通的编译器之间的差距。因此，借鉴本地集成开发环境的处理办法，针对 C 语言中基本关键字给出明确提醒，同时实现自动补全功能，并提供代码高亮的功能。本系统代码编辑的区域使用一个文本编辑框确定。

代码自动补全功能的使用，要对用户键盘输入的事件进行监听，按照使用人员所输入的字符动向匹配关键字，一旦关键字得到匹配，立刻展开可视化给用户提供选择，使用者确定了某个关键字之后，立刻把这个关键字输入正在编写的代码之中。代码的自动补全功能是借助把关键字字符串和关键字前缀字符串关联在一起，最终产生一张映射表格。当使用者在输入字符时，运用正则表达式把输入的字符和映射表展开匹配，假如使用者现在输入的字符串是某个或某些关键字的前缀时，也就说明匹配成功，立刻把成功匹配的关键字通过列表方式进行提醒，让使用者选取需要的关键字，借助 javascript 将使用者所确定的关键字插入文本中，实现代码自动补全功能。

代码高亮功能指在编译语言中，将关键字通过区别于其他代码的不一样颜色方式显示出来，呈现出一种高亮效果，使得使用者能够很快区分出关键字和一般代码，让代码的可读性得以提升。使用代码高亮功能要时刻对编辑框内容变化的事件进行监听，一旦内容产生改变时，通过算法获取编辑框的内容，把内容字符串通过空格与换行符这种方式，将其分割为各个分串，再把所有分串和关键字列表展开匹配，假如是 C 语言语法里面的关键字，借助 javascript 操作网页标签的功能把这个分串所位于的行进行修改，将这个分串通过全新的标签插入到这一行中，同时改变标签的颜色，借此来实现关键字的高亮功能。

(二) 代码编译功能

代码编译功能指的是针对使用者已经编写好的代码来展开编译，同时把编译的结果反馈给使用者。这个系统是在 Web 的基础上实现的，所以代码编译的功能其实就是在服务器端来展开的。代码编译的整个流程是前端提交代码，然后后端接收代码并且储存到 C 语言的源文件之中，再借用编译器对这个文件进行编译，同时把编译的结果反馈到前端通过浏览器显示出来。前端 Web 给使用者提供一个编译按钮，使用者只需要点击这个编译按钮，就能够把编写好的代码传输到后台来展开编译，后台把编译的结果传输回来后，前端的输出窗口就可以把编译的结果显现出来。GNU 编译器套件(GNU Compiler Collection)的工具链是 GCC。GCC 工具链是不收费的、开放源代码的一个自由软件，它严格遵照 GPL(general public license，GNU 通用公共许可证)的相关规定。本系统所运用的是 GCC4.9 版本。

后端服务器借助调用 GCC 编译器，针对前端所提交的代码展开编译，并且对 GCC 的编译结果重定向，同时将反馈的结果在前端显示出来。详细的操作流程如下：

(1) 创建一个进程用来执行 gcc。

(2) 设置 gcc 的输入重定向和输出重定向为服务器程序，因为此时的 gcc 程序是在后端服务器上运行的，其输入/输出已不再是标准的输入/输出。

(3) 设置 gcc 的命令参数字符串，作为 gcc 进程的输入。

(4) 把编译的结果传送到前端浏览器，编译的结果可能是正确的，也就是语法没有错误，也可能是错误的，也就是程序有着语法上的错误。代码编译的完整步骤如图 4-7 所示，进行编译的时候一旦出现异常情况，例如文件保存失败或是子进程创建失败就会将编译失败信息反馈给前端，否则返回编译结果给前端。

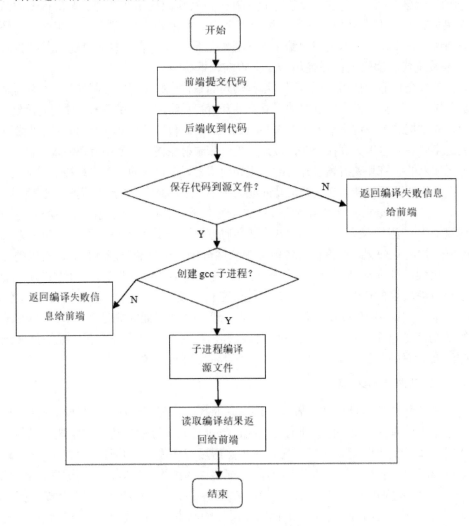

图 4-7　代码编译流程图

(三) 代码运行功能

代码运行功能存在的意义就是为程序的运行提供一个环境，使用者借助前端的编译框将程序的输入数据编写好，接着进行提交运行，系统把运行的结果传输回来同时在输出窗口上显示。

借助运行按钮，前端 Web 就能够运行编译成功的代码，并且还能够借助输入框输入程序所需要的数据向后端提供。

代码执行的流程图，如图 4-8 所示。

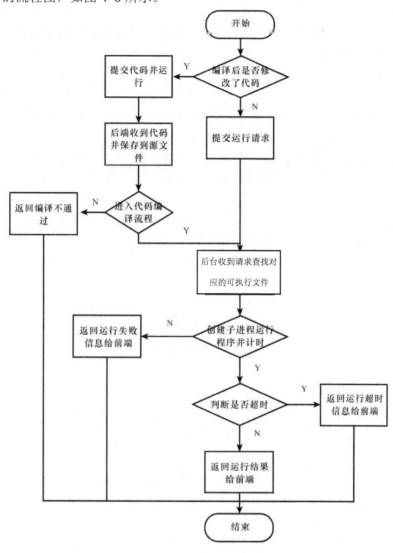

图 4-8　代码执行的流程图

鉴别程序崩溃与运行超时的方法：首先建立一个源程序子进程，同时系统也建立一个定时器，定时器定时运用 waitpid 函数等候子程序结束同时没有阻塞，假如等候子进程结束成功就证明程序也完结了。与此同时，在主进程之中运用 WIFEXITED 宏检查子进程的反馈情况，鉴别是不是属于不正常结束，假如宏反馈为真就说明程序属于不正常结束，就可以判定程序运行崩溃，不然就是正常结束。若定时器运行的时间超过了预设时间还没有正常等候子进程完结，这时就可以认定是程序运行超时，马上主动去结束子进程。不管通过哪种方法结束子进程都要同时结束定时器。

(四) 代码调试功能

通常把能够在程序处于工作状态时对其内部情况进行监测甚至能够追寻其运行轨迹的功能称为调试功能。正因为它所包含的这些功能，因此在在线集成开发环境中的地位不容小觑，其作用更是极为重要。代码调试能够细分为单步调试、设置断点、继续调试等多种功能。

前端 Web 必须在代码编辑框旁边新增一片断点区域，这个区域能够迅速获取点击鼠标的信息。也就是说，如果程序员在单机状态时借用鼠标在此区域内操作，系统会按照点击范围来计算现在所在的代码行，同时在这个位置输入断点标志，注明使用者在这个位置设置了断点。除此之外，还增加了开始调试、单步调试、继续调试和结束调试四个按钮来给使用者进行操作。后台接收到开始调试的请求之后，马上进入调试模式，把前端提供的代码运用 gcc 进行编译，同时增加 "-g" 选择，随后使用 GDB 对本程序展开调试。GDB 是一个相当好用的调试程序，操作人员借助 GDB 能够很容易地理解与查阅程序运行时内部的信息，可以帮助操作人员寻找到程序崩溃的缘由。

在后端建立一个 gdb 子进程和前端来进行交互，同时建立管道 A 与管道 B，对子进程的输入/输出的管道进行重定向。前端所输入的所有的命令，当后台接收到命令后，会借助管道 A 输入给 gdb 子进程，同时通过管道 B 读取 gdb 的输出，最终返回给前端浏览器。

代码调试的流程图如图 4-9 所示。

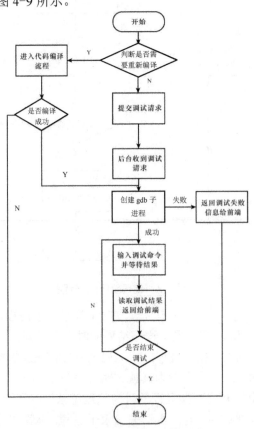

图 4-9 代码调试流程图

因为把输入/输出重定向成管道后，默许状态下的缓冲区会被设置成全缓冲，这样一来会使得被调试程序的输出字符将不能够在进行调试的时候立马输出返回给使用者，一定要等待被调试程序完结后才可以把输出的结果反馈回去。解决这个问题只需在调用gdb之前，通过stdbuf把缓冲区设为零缓冲，也就是运用"stdbuf-o"。

（五）程序运行状态显示

运用 gdb 来对代码进行调试有着很强的敏捷性，然而这个系统针对 gdb 调用的封装做的还不是很完整，初学者在运用时还做不到得心应手。为了使学习者能够更直观地了解，把 C Tutor 开发的工具都集中到系统中来，让学习者能够借助本系统动态地观察程序运行进程中所有变量的取值的变化，借此可以更好地去理解程序是怎样运行的。C Tutor 工具主要是由两部分构成的，一部分是为后台产生代码跟踪文档的 valgrind，另一部分是前端以图形形式所展示的 javascript 插件。valgrind 借助单步执行代码记录所有步骤执行时程序的内存信息，如当前执行的行号，位于哪个函数，全局变量以及局部变量当下的取值，借用栈的联系和栈信息，等等。前端把代码传输给后台，后台借用 valgrind 产生与代码对应的跟踪文档同时反馈给前端，前端接收到跟踪文档后马上展开单步向前与单步向后的查阅程序执行过程，每执行一个读取跟踪文档，就把现下正在运行的信息通过图形化的方式展示给使用者查看。全部的步骤后台只要进行一次通信就能完成。

第四节　C语言交互式可视化教学平台的实现及测试

一、C语言交互式可视化教学平台的实现

平台采用 MVC 架构设计，由视图、控制器和模型三个模块组成。

（一）可视化界面布局的实现

本平台选取 bootstrap 框架进行布局，共包含三个界面。第一个界面为登录界面，该界面提供方便教师以及学生登录系统的通道，同时还可分辨教师及学生登录时的身份信息，如图4-10 所示[36]。

第二个界面为代码分类界面，这个界面展示了后台使用代码分类计算对代码分类的结果，如图 4-11 所示。该界面包含标题列表区、分类列表区、代码列表区、代码显示区以及分类效果区。

(1) 标题列表区：以下拉列表框来实现标题数据的展示。

(2) 分类列表区：以下拉列表的形式将标题对应的分类统计结果呈现给用户。

(3) 代码列表区：采用表格的方式将某个类中所有代码信息呈现给用户。

(4) 代码显示区：以文本框的形式显示用户选中的代码，采用两个文本框同时显示两个源代码，方便用户对比两个代码。

(5) 分类效果区：该区域以一个对数曲线图来展现代码分类的总体情况，该曲线图呈现分类大小和类个数之间的关系。本系统采用 D3.js 绘制分类效果的对数曲线图。

图 4-10　登录页面

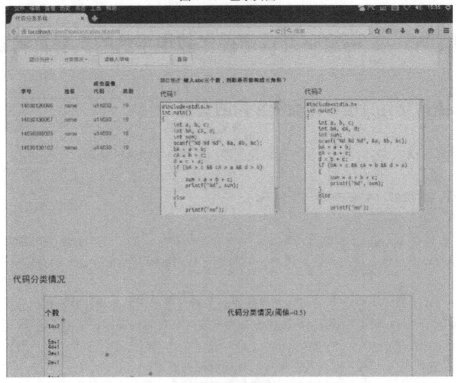

图 4-11　代码分类界面

第三个界面展示了 C 语言在线集成开发环境，为了在同一页面里面出现用户的输入以及系统的输出，所以该界面将划分为三个区域：编辑区、命令控制区和输入/输出区，如图 4-12 所示。

(1) 编辑区：采用文本编辑框实现，该区域需要提供代码提示、代码自动补全和代码高亮的功能。

(2) 命令控制区：通过按钮来实现，每个功能对应一个按钮。

(3) 输入/输出区域：该区域采用文本编辑框实现，用于编辑程序的输入数据以及呈现程序的编译、运行和调试的结果。

图 4-12　在线集成开发环境界面

(二) 系统控制器的实现

本系统使用 HttpServer 控制器、代码类别控制器以及在线集成开发环境控制器。这套系统选取 Libevent 完成，Libevent 不但具备基本网络库的特点，同时也是一种开源的而且轻量级的高性能网络库。Libevent 在轻量级、高性能的同时还专注于网络和事件驱动，支持跨平台及多种操控系统，还支持各样式的 I/O 多路复用方法，等等，这些都是 Libevent 的特点。为了编写高性能网络服务器，Libevent 是必要配置之一。

(三) 系统模型的实现

本系统有两个模型，一个是代码分类模型，另一个是集成开发环境模型。代码分类模型有三种，分别是调动代码分类计算方法、解析分类结果、提取分类结果，如图 4-13 所示，对该类中各个方法的解释见表 4-7[36]。

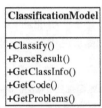

图 4-13 代码分类模型的类图

表 4-7 代码分类模型的类图解释

Classify	该函数对代码使用代码分类计算方法使其完成自动区分，分类结果放入文件内
ParseResult	该函数使得分类结果被代码分类计算方法解析
GetClassInfo	该函数使得必要的分类信息被在分类结果里面筛选出来
GetCode	该函数从特定文件里面获得源代码
GetProblems	该函数使得题干的消息被得到

集成开发环境模型有三种功能，分别是编译代码、运行代码以及调试代码，如图 4-14 所示，对该类中各个方法的解释见表 4-8。

```
IDEModel
─────────────
+Compile()
+Execute()
+CreateDebug()
+WriteDebugCmd()
+ReadDebugResult()
```

图 4-14 集成开发环境模型类图

表 4-8 集成开发环境模型的类图解释

Compile	该函数先完成代码编译，之后将编译的结果反馈到控制器
Execute	该函数使得编译完成的程序被实施，之后将实施的结果回馈到操控器
CreateDebug	该函数使得一个调试器得以创建
WriteDebugCmd	该函数向指定调试器写入一个命令
ReadDebugResult	该函数可从指定的调试器读取调试结果

(四) 系统数据通信的实现

一次数据的交互是通过这些步骤实施的：系统通过确定的通信模式完成数据交互，视图提交请求到控制器，在接受请求以后控制器分析解释需求，与此同时递交参数给模型，接受参数之后模型再进行数据处理，并且将处理结果反馈到控制器，最后把结果组合成特定的数据形式提交到视图。

如图 4-15 所示为各模块交互的具体实现。客户利用 Web 浏览设备查询代码种类界面或是在线集成开发环境时，请求将传送给 HttpServer 控制器，控制器接受请求之后，会立刻返回相对应的界面文档。

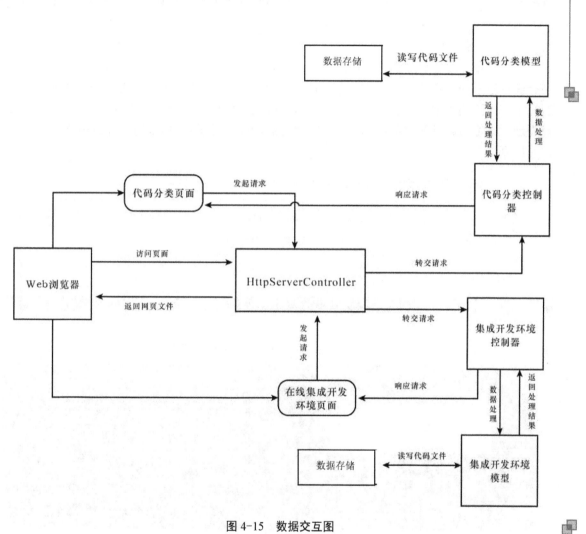

图 4-15　数据交互图

二、C 语言交互式可视化教学平台的测试

本章采用黑盒测试方法对平台进行功能测试，检测各功能能否得到预期的响应。黑盒测试并不涉及代码的具体实现，其目的是确认各功能是否符合用户需求。黑盒测试可以测试出功能错误、数据结构和数据库访问错误，以及初始化和终止错误等。

（一）代码分类算法测试

代码分类算法的实验我们已经进行过分析和介绍，此处对教学平台中代码分类的功能进行测试实验。首先测试选择题目的功能，通过代码分类界面中题目列表下拉框查看是否能够显示当前的题目。当用户在页面点击题目列表时，页面能正确显示系统当前包含的题目列表。在题目列表选择题目后，后台能够返回该题目的分类信息，并在分类情况列表中显示对应题目的分类信息。当点击题目列表下的三角形判断题目后，之后点击分类情况可以得到该题目的分类情况。从分类情况列表中选择某个类别，代码表格区应该可以显示该类中的所有代码情况。当点击分类情况列表下的任意一个选项时，可以在代码列表中正确显示对应类别中的代码信息。并且同一个类别中的代码应该是相同或者相似的，为了观察其区别，可以通过选中代码表格中的任意两个代码，在代码显示区域中可以看到选中的两个源代码，并进行对比。通过单机代码列表中的任意两行，代码显示区域能够分别显示所选择的两个代码。为了更加直观地观察每道题目的分类情况，在选择题目后，可以用图表的形式显示代码分类结果，方便对比测试。

（二）在线集成开发环境功能实验测试

首先检测代码的编辑功能。主要检测代码自动补全功能以及代码高亮功能，检查代码编辑过程是否有关键词提醒、补全以及高亮，如图 4-16 所示。

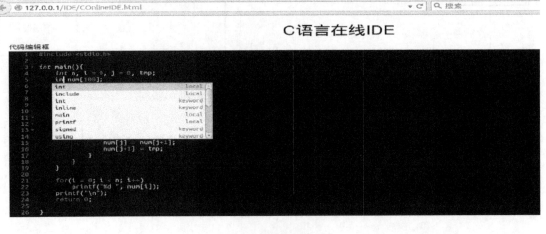

图 4-16　代码编辑示意图

如果用户在本系统上编辑代码，此处可用冒泡排序算法。如果要编辑关键词，例如变量类型，则对应的关键词能够被系统显示出来，编辑完以后，系统能够将关键词高亮显示。实验安排了两个测试用例，见表 4-9，以检验代码编译功能的正确性。这两个测试用例其中之一是使用语法错误的代码，另外一个则是语法正确的代码。同样用冒泡排序方法举例，见表 4-10。语法错误的代码相比语法正确的代码里面筛减了一个分号。实验结果与预期一致，语法正确的代码运行成功，语法错误的代码编译结果为空。

表 4-9 代码编译测试用例

用例名称	输入内容	预期输出	确认输出
测试用例 1	一段编译正确的代码	返回编译正确信息	成功
测试用例 2	一段编译错误的代码	返回编译错误信息	成功

表 4-10 代码示例

编译正确的代码	编译错误的代码

<pre>//buble sort
#include <stdio.h>
 	
int main(){
    int n, i=0, j=0, tmp;
    int num[100];
    scanf("%od", &n);
    for(i=0; i<n; i++)
        scanf("%od", &num[i]);
 	
    for(i=1; i<n-1; i++){
        for(j=0; j<n-i; j++){
            if(num[j]>num[j+1]){
                tmp=num[j];
                num[j]=num[j+1];
                num[j+1]=tmp;
            }
        }
    }
 	
    for(i=0; i<n; i++)
        printf("%d", num[i]);
    printf("n");
    return 0;
}</pre>
	<pre>//buble sort
	#include <stdio.h>
	
	int main(){
	    int n, i=0, j=0, tmp
	    int num[100];
	    scanf("%od", &n);
	    for(i=0; i<n; i++)
	        scanf("%od", &num[i]);
	
	    for(i=1; i<n-1; i++){
	        for(j=0; j<n-i; j++){
	            if(num[j]>num[j+1]){
	                tmp=num[j];
	                num[j]=num[j+1];
	                num[j+1]=tmp;
	            }
	        }
	    }
	
	    for(i=0; i<n; i++)
	        printf("%d", num[i]);
	    printf("n");
	    return 0;
	}</pre>

同样为了测试代码运行功能的正确性，实验设计了三个测试用例，即运行成功的代码、运行超时的代码，以及运行崩溃的代码，见表 4-11。此处同样使用冒泡排序方法的代码举例，运行成功的代码可以使用之前编译正确的代码,运行延时的代码可以在运行正确的代码基础上改动，使之无限循环。运行崩溃的代码也在运行正确的代码的基础上变动，把语句里面的取地址符删除，使其运行崩溃，见表 4-12。经过测试实验发现结果与预期的一样。

表 4-11　代码运行测试用例

用例名称	输入内容	预期结果	确认结果
测试用例 1	一段运行成功的代码	返回程序运行输出结果	成功
测试用例 2	一段运行超时的代码	返回运行超时	成功
测试用例 3	一段运行崩溃的代码	返回运行失败	成功

表 4-12　测试代码示例

一段运行超时的代码	一段运行崩溃的代码
<pre>#include <stdio.h>

int main(){
    int n，i=0，j=0，tmp;
    int num[100];
    scanf("%od"，&n);
    for(i=0;；i++)
        scanf("%od"，&num[i]);

    for(i=1;i<n-1;i++){
        for(j=0;j<n-i;j++){
            if(num[j]>num[j+1]){
                tmp=num[j];
                num[j]=num[j+1];
                num[j+1]=tmp;
            }
        }
    }

    for(i=0;i<n;i++)
        printf("%d"，num[i]);
    printf("\n");
    return 0;
}</pre> | <pre>#include <stdio.h>

int main(){
    int n，i=0，j=0，tmp;
    int num[100];
    scanf("%od"，&n);
    for(i=0;；i++)
        scanf("%od"，&num[i]);

    for(i=1;i<n-1;i++){
        for(j=0;j<n-i;j++){
            if(num[j]>num[j+1]){
                tmp=num[j];
                num[j]=num[j+1];
                num[j+1]=tmp;
            }
        }
    }

    for(i=0;i<n;i++)
        printf("%d"，num[i]);
    printf("\n");
    return 0;
}</pre> |

代码调试功能重点检测断点的设置、调试、单步调试、完成调试等，而且仅仅使用一个测试用例来进行功能测试。检测顺序包括代码的编辑、断点的设置、代码的上传、开始调试、单步调试以及结束调试。设置断点后在代码编辑区域进行端点标记，如图 4-17 所示。进入调试状态后发起调试请求并将断点信息发送至后台。

测试程序运行状态查看功能时采用与代码调试相同的代码。查看程序运行状态请求后跳转至查看界面，接下来进行单步向前、单步向后测试。

代码编辑框

```c
1    #include <stdio.h>
2
3    int main(){
4        int n, i = 0, j = 0, tmp;
5        int num[100];
6
7        scanf("%d", &n);
8        for(i = 0; i < n; i++)
9            scanf("%d", &num[i]);
10
11       for(i = 1; i < n-1; i++){
12           for(j = 0; j < n-i; j++){
13               if(num[j] > num[j+1]){
14                   tmp = num[j];
15                   num[j] = num[j+1];
16                   num[j+1] = tmp;
17               }
18           }
19       }
20
21       for(i = 0; i < n; i++)
22           printf("%d ", num[i]);
23       printf("\n");
24       return 0;
25
26   }
```

图 4-17　设置断点

第五章　C语言教学辅助系统设计与实现

科学技术的发展日新月异，人们的生活也越来越智能化了，单片机在人们生活中的重要作用也越加突出。单片机中就必然涉及程序设计编程语言，在所有程序设计编程语言中，C语言有着不可取代的重要地位，尤其是在开发功能强大、复杂的软件中，C语言更是表现出了非常重要的作用，可以说是单片机的精髓所在。本节围绕教学辅助系统需求分析、教学辅助系统的设计实践和教学辅助系统的实现与测试，三个维度对C语言教学辅助系统设计与实现展开深入探索。

第一节　教学辅助系统需求分析

一、教学辅助系统需求概述

(一) 教学辅助系统需求现状分析

近年来，越来越多的企业和研究中心对C语言的学习越来越重视，都在尽量模拟C语言学习的一个实训氛围，不过从成效来看，作用并不是非常明显。为了有效改善这种现象，以下对五年制的C语言学习从五方面进行分析。

1. 教学辅助系统的现状

国内的职业教育有着日新月异的发展和改善，对信息技术的应用也越加的深入和完善，更多的职业院校在课程建设上比较注重教学辅助系统的作用，但是因为学习工具的不足导致教学辅助系统没有能够很好地结合教学内容的运用，从而导致其教学成效并不是很显著。

2. C语言教学的现状

在以往的C语言程序设计教学的过程中，通常会以教师的讲解为主，而且采用的案例也是具有针对性的，比较抽象，无法很好地调动学生的学习热情和兴趣，而且也不利于学生的理解和吸收，让整个课堂气氛比较沉闷、枯燥。这对学生的自主学习性的提高具有一定的抑制作用，因此也容易造成学习效果不显著，学生对C语言程序设计的重要内容和核心部分无法透彻理解和接受。

3. 现有C语言学习的工具，工具的实用性

Visual C++是现在比较常用的一种可视化的C语言学习工具，并且功能非常齐全。在实际运用的时候，Visual C++6.0是最为常用的一种支撑软件。

4．流程图编程语言的现状

目前，少数职业院校在 C 语言程序设计课程上流于形式，造成学生学习起来非常困难，而流程图的运用，能有效改善该现象，让学生能比较直观地了解计算机编程技术。在流程图的编制过程中可以利用多种多样的工具，不过目前暂时还没有一套系统的流程图教学辅助系统，能够帮助学生尽快地掌握计算机编程技术。

5．利用机器人平台进行教学的现状

在教学的过程中运用机器人平台已经成为现在教学的一个趋势，以往的教学手法对学生天性的发挥有着一定的制约作用，但是机器人平台的运用，恰恰很好地解决了这一问题，而且还能充分调动起学生的自主性和学习热情，并有利于激发学生的创造力和想象力。在 C 语言教学中利用机器人平台，能让学生对有关的计算机、机械和电子技术等方面的知识进行学习，并能调动学生的学习积极性，使得教学效果更好、更突出。

（二）教学辅助系统需求存在问题

从 C 语言课程的学习现状得出，学生的学习主动性和积极性不高是值得探讨的问题。五年制 C 语言程序课程已经不能再采用以往的课程设计了，那么现在所面临的问题是如何寻求更加完善的教学方式以及学生怎样来学习 C 语言程序设计，并能在学习过程中进行灵活运用等。所以需要较好地解决这些问题，继续完善和创新教学方法，使得五年制学生能更好更有效地完成 C 语言学习任务[14]。

五年制 C 语言课程的教学和学习上都有其独特之处，在课程设计时要尽可能地结合现有的机器人平台，让教学资源得到最优组合，从而提高教学效果。目前来说嵌入式编程最重要的工作就是嵌入式系统 C 语言编程，通过掌握基础的 C 语言知识，来进行应用程序的设计和编程。

目前很多高校的 C 语言教学都采用了嵌入式机器人的教学方式，因此也就面临两个重要的教学任务：一是 C 语言学习，二是机器人学习。机器人平台的运用，能较好提高学生学习的热情和兴趣，这是以往的教学方式所不能比拟的，但是若是学生不能全面系统地掌握好 C 语言编程知识的话，那么在运用机器人平台进行学习时也会有较大的难度。这就要求将学生的知识体系和机器人平台进行结合和对应，这就为 C 语言学习软件的开发创造了条件。因为机器人所针对的任务都是直观、明确的，因此能更好地调动学生的学习热情和兴趣。

所以，对五年制学生的 C 语言教学辅助系统进行重新开发和设计是非常有必要的，在机器人平台中嵌入 C 语言交互式编程和流程图，这样才能真正地提高学生的学习效果。这种教学方式也更加的直观、有效，提高学生对 C 语言编程的兴趣，并且这种设计也很好地针对了五年制教学的要求和特征。

从五年制教学的特征出发，运用流程图的教学手段来讲授 C 语言知识。并要确保流程图设计出来的 C 语言应用程序能被机器人平台所识别。这里对学生的基础和水平、采用的教学方式以及所运用的教学辅助系统都暂不进行考虑。

二、C 语言教学业务需求分析

项目教学是 C 语言采取的教学方式，因此系统的设计采取工程设计模式。这种设计方式

可以帮助学生更加容易地对学习的目标进行理解,以目标作为选择图形的依据,来进行流程图设计。C 语言代码在这一过程中可以实时显现,对于指令进行实施的方法也更加的清晰和明确。在以此种方法进行教学时,第一步需要的是对流程图的绘制方式进行充分的了解,对每一指令都能够保证足够熟悉,对每一条指令所能够带来的运行效果十分明确。通过 C 语言与流程图之间的交互,可以帮助学生更加清楚地了解编辑 C 语言的方式以及如何使用机器指令。

在机器人运行的过程中,会出现各种各样的问题,通过对这些问题进行了解可以帮助学生更加精准地判断哪一部分的程序需要进行修改,并且能够第一时间对修改后的运行情况进行观察。此种教学模式能够帮助五年制的学生更加轻松地进行 C 语言的学习,学生更容易被课程吸引,使其在学习的过程中更加具有信心和兴趣。同一个教学项目当中,系统对于硬件进行反复连接和软件的反复修改是允许的。

(一) C 语言系统设计的硬件连接

在对程序进行设计时,C 语言系统能够帮助提供高智能性和可视化性。在对可视化电气进行单元连接和装配方面的设计时,其界面可以应用真实主板插座图。当某一个部件或传感器被选择时,图像中会出现提示,请用户对允许及优先推荐的插座进行选择,即便在不了解单片机端口的情况下,用户也能够正确地进行连接,硬件和端口连接信息会被自动地传送至编程的界面当中去。在编程的过程中,用户不需要对图纸和图表进行翻阅,端口的设置变得更加简单,整个操作过程中,对象更加明确,操作效率也大大得到提高。

(二) C 语言系统设计的软件编程

对于软件所对应的可视化硬件信息进行界面的设计时,第一步需要用户将与主板插座进行连接的传感器以及相应的执行模块等在仿真图形硬件信息界面实现,并以此为基础,实现端口连接信息向程序设计界面的传递。

以下三种编程方法均是系统能够提供的:其一是流程图编程方式,其二是向导式编程方式,其三是 C 语言编程方式。前两种编程方式之间是可以进行自动的双向转化的,流程图程序也可以转化为 C 语言程序,另外向导式编程方式也可以在 C 语言编程界面中被使用。这三种编程方式不仅使得程序设计变得更加方便和智能,同时也使得 C 语言的学习更加方便。

(三) C 语言系统的功能需求分析

指令分类是 C 语言教学中较为常见的讲解形式,通过语言文字来对每一条指令进行解读。由于在教学过程中受到学生积极性和主动性的限制,讲解面临着一定的困难,学习效果也因此受到了影响。为了帮助学生们对学习过程中遇到的难题进行解决,工程设计项目的方式被应用到了课题系统的设计当中。

在设计的过程中,需要系统与机器人之间相互配合,着重点在于对机器人与 C 语言的语法进行功能性设计,通过对流程图和 C 语言之间的交互来对 C 语言的内容进行讲解。交互性强、生动直观是教学辅助系统的主要特征。在进行功能性设计时,主要的关注对象为 C 语言语法及机器人。对前者进行设计时,主要应用头文件链接的方式。对主要流程图界面的系统性功能进行设计时，就要求与机器人和流程图相互配合。当机器人的特点作为侧重点时，就需要首先确保系统和机器人之间的顺利连接。其次，从 C 语言教学的课程内容角度来看，其中包含有函数、变量、数组、运算符等。通过流程图与 C 语言之间的相互转换可以使得学生对 C 语言代码有更好、更快的理解。并最终实现语句和语句执行向机器人的下传，这些功能都需要在系统设计时进行考虑。教学过程设计用到的功能如下：

第一，建立工程项目目标。实现机器人的运行。

第二，选用流程图与 C 语言代码一一对应的设计方法讲解 C 语言。先用图形化编辑的方法列出流程图，这时每一个流程图图形所对应的 C 语言代码可以在向导式语句编程界面上对应显示出来。

第三，学习 C 语言程序，讲解使用方法。

第四，编译下传到机器人上，观察程序运行结果。可检查语法错误对应修改。

第五，项目保存。

1. 硬件信息连接

作为系统中优先级最高的功能，硬件连接部分与相关机器人的硬件接口之间是相互对应的，以此为基础可以对驱动和传感器进行安装，只有完成相关设施的安装，才能够实现对与之相对应模块的操作。硬件信息连接的分类主要有两种：其一是传感器模块，需要以项目的需求作为依据来进行选择；其二是执行器模块，以电机的类型为依据对其选择。

2. 内置软件功能

在完成了与机器人之间的硬件连接环节后，接下来便是软件编程这一部分。作为整体结构中的第二层，其具有重要的意义。在这一环节中，第一层结构中安装的硬件是其工作的基础，需要对此来进行调配。因此第一层结构当中的硬件连接情况是必须要完全考虑在内的。在这一环节中整体流程的使用功能是需要主要进行考虑的问题，其余问题在底层中通过函数翻译即可。设备之中软件的数量以及其功能是软件设计中需要进行优先考虑的部分，在进行了大量的研究，并结合机器人及项目的特点后，总结出以下几种必须使用的 C 语言结构语句，即永远循环、条件循环、条件判断、计数循环等。为了尽量保证用户使用过程中的简洁和易操作，结合机器人的特性来实现软件中模块的集中化，因此声控、延时、启动和停止声响等软件功能被添加进来。通过对这些软件的调用，可以实现编程的简单化。

3. 子程序调用

其他需要考虑的第二层结构中的问题还包含有子程序的个数和组成。同一个内容可能会被主程序多次调用，在这种情况发生时，则需要加入子程序的软件设计，以实现对其的直接调用。另外，与 C 语言的嵌套相似的是，子程序不宜过深，即数量不宜过多，否则容易导致程序的崩溃，因此 30 个以内的子程序数量是经常被使用的。

4. 流程图编辑

学生在实际学习过程中所面对的问题和困难，通过流程图的使用可以帮助其更加直观地对编程技术进行了解和掌握，进而实现对运行过程的理解。对流程图和 C 语言程序的交互转换可以帮助学生更加系统地理解程序代码。

5．编译和下传

对 C 语言程序的编译和下传是整个过程的最后一步，这一过程可以将程序运行的结果直接展现在人们的面前。这一环节中的绝大多数工作可以通过对底层和通信程序的利用来实现，只要在流程图软件当中加入一个有相对应的按钮和图片的新窗体即可。

（四）C 语言教学辅助系统开发目标

C 语言教学辅助系统利用学院已有机器人设备进行，其开发和设计的主要目的为对学生学习兴趣的激发，是对教学进行结合的展现。

该系统建立的基本原则为与 C 语言教学相适应，通过对该系统的使用来对 C 语言的教学过程进行辅助。实现教学中的改革，提升学生的学习兴趣，对原有的教学内容与模式进行改革。结合学生乐于实际操作的学习习惯，将"教学做"的一体化理念融入其中，最终实现"做中学""用中学""先会后懂"。以教学项目作为整体的出发点，在同一项目当中，系统可以对硬件连接及软件编程的部分进行反复的修改。用户可以对各个单元部件及局部的功能进行测试，以便学生在不断的实践过程中进行互动和反馈，从而保证学习过程中的体验与反思。以下五点是系统必须实现的目标：

(1) 实现教学辅助系统能稳定运行 Windows 系统各版本和实现与机器人链接通信。

(2) 实现系统界面功能图标设计、系统软件界面美化配色设计。

(3) 实现流程图编程和 C 语言编程，将 C 语言的语法内容全覆盖。采用头文件方式进行链接，软件模块化插入、编辑和删除，子程序功能设计。

(4) 实现在编程界面进行流程图和 C 语言的交互式编程。

(5) 实现编译时语法的查错和查询功能。

本节内容首先介绍了 C 语言教学辅助系统需求分析，从实际情况对 C 语言学习现状、问题和业务及功能需求来进行分析，对系统开发的目的进行了描述，并为其设计与实施提供了重要的基础。

第二节 教学辅助系统的设计实践

一、系统整体设计思想

在目前的 C 语言教学当中，教材的选取主要是为了实现理论教学，实验则是采用上机实验方式，这也导致了学生无法产生充分的学习积极性。为了对这一问题进行解决，提升学生对理论基础知识的兴趣，许多实验设备被设计出来，使得学生能够在进行实验的同时实现对理论知识的学习。机器人是现如今较为流行的实验器材，因此这一平台也成为教学辅助系统的开发基础。

以职业学校学生的特点作为主要出发点，通过与机器人的硬件设备之间进行相互结合，所见即所得是整体布局所采用的方式，三级结构框架被应用其中。

硬件连接是第一级结构，在这一结构当中，第一级的界面是由机器人主控板的示意图构成的，其中的各个接口与硬件之间是相互对应的，以此为基础可以实现机器人外设与示意图之间的连接。机器人的外设连接可以分为输入、输出等多种模块，其中输入模块属于传感器类，传感器又可以划分为数字和模拟传感器两种；输出模块属于电机类，因此其界面是由模拟传感器、数字传感器和直流电机三个部分组成的。通过对某一部分的点击，可以实现在示意图中对相应的芯片接口的选择，此时适宜的芯片接口会显示红色，从而实现对用户进行接口选择时的提示。

在完成好接口与传感器之间的连接后，与之相对应的模块操作界面就会在第二级界面当中出现。因此，第二级操作界面的产生必须建立在一级界面安装完好的基础上。通过对各种图标点击方式的应用来实现操作界面当中流程图的设计。目前是对流程图图标的操作实现进行了设计，如果要实现 C 语言的教学，以及对机器人的驱动，还需要与相关语言结构进行结合，并以此作为支撑的基础。这一点在实际操作当中是较为困难的，在经过激烈的讨论后，最终认为以 C 语言的流程图图标来对程序结构进行代替，通过底层与结构函数之间的相互连接，并对各种变量条件加以利用来帮助选择方式完成。第二层结构是整个环节中最为重要的部分，C 语言教学是整个系统设计的中心所在，因此也是重点所在。所以在对源代码进行设计时，必须保证 C 语言能够被显现出来。

通过不断的实验总结最终得出如下结论：注重底层函数，以图标作为链接的方式，来实现 C 语言代码的展现。通过对头文件的模式进行利用来实现函数对软件初始化中的固化，在日后的使用过程中，只需对其进行调用。为了能够实现更好的生动性，C 语言反流程图和流程图反 C 语言的双向编译功能被增加到了第二级界面当中。

编译界面是第三级结构，这一层结构主要是被置于底层的，需要其与数控板中的单片机相互结合，构成通信程序。

二、系统总体结构图

以系统整体的设计思想作为依据，可以通过三重结构界面来实施整体的研究。硬件之间的连接结构是三层结构界面中的第一层，作为整体结构中的上层建筑，其具有十分重要的作用。许多相关的操作都是以此为基础进行的，进而使得下层结构能够对相应的功能进行应用。这层结构需与机器人主控制器之间相互配合，并以此为根据对示意图进行创作及对底层代码进行编译。程序和流程图之间的交互式的编程界面是三层结构界面中的第二层，我们可以以此为基础来检测和控制第一层结构中的硬件，交互式也是伴随着这一层结构产生的。编译界面是三层结构界面中的最后一层，通信程序在这一层中被编译出来主要依靠的是与主控板中单片机的联合应用，其位置为底层。系统总体结构如图 5-1 所示[17]。

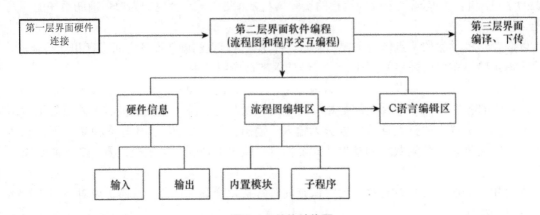

图 5-1　总体结构图

三、选择合适的机器人载体及外围传感器

(一) 嵌入式机器人主控板的选择及详细接口介绍

针对 C 语言有关课程教学，编译软件选择 VB，同时主控板特意挑选的是 AVR，并且该主控板的单片机采用 AVR ATmage128。还包括有声控开关、蜂鸣器、16×2 字符液晶显示器、双路直流电机驱动电路以及板内集成电源稳压电路等等。另外提供 26 个 I/O 通用接口，其中有 8 个能运用于在模拟输入实行 10 位的 A/D 变换中。

1. 电源及下载端口

AVR 主控板配置有电路的稳压电源，电源输入规格为 DC 3.6~6 V。主控板通过 USB 接口与 PC 机建立连接，用于下载机器人的相关程序。

2. 液晶显示对比度调节

AVR 主控板上配置有液晶显示器，该显示器的型号为 LCD1602，显示器的对比度通过电位器进行调节。

3. ISP 下载端口

通过低层程序接口写入主控板，主要作用是对系统进行初始化，同时支持 USB 接口在 PC 机同主板之间建立起连接，以便于下载程序。

4. I/O 端口说明

(1) 三端连接插座。三端连接插座接口总计 18 个，全部可用于数字位的输入/输出。其中 8 个数字接口（D0~D7）；8 个模拟接口（ADC0~ADC7）可接收 DC 0~5V 的模拟信号进行 10 位的 A/D 转换。注：图形软件中 8 个模拟接口标为 A0~A7，如图 5-2 所示。

(2) 扩展接口。设立两组扩展接口是让主控板应用插针形式，为需要多端口的外接模块提供便利。一组是 4 位即 K0~K3，一组是 6 位即 K4~K9，如图 5-3，图 5-4 所示。

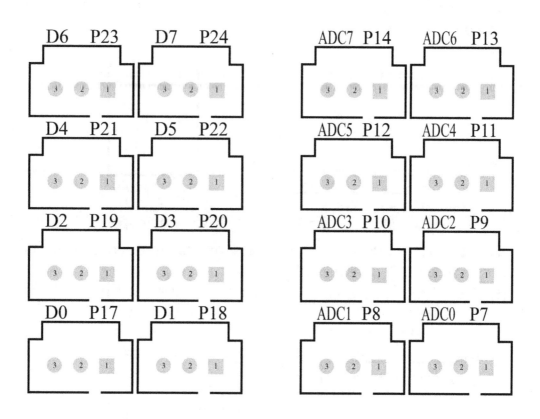

图 5-2 三端连接插座接口

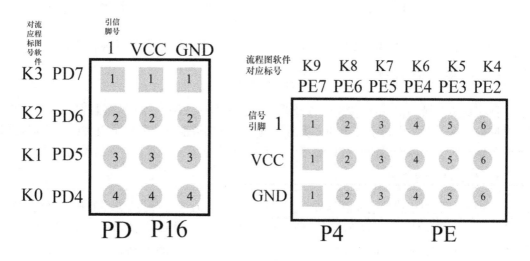

图 5-3 扩展接口 K0~K3　　　　　　图 5-4 扩展接口 K4-K9

(3) I2C 接口。主控板的 I2C 通信采用主从方式，主板 CPU 为主机，I2C 接口的传感器为从机。作为从机的 I2C 传感器各自有固定的地址。主控板只设置一个 I2C 接口，多个 I2C 传感器可以并联到主机，如图 5-5 所示。

(4) 驱动电机。主控板提供双路直流电机驱动单元，常用于机器人行走电机的驱动控制。采用 L298 驱动电路，如图 5-6 所示。

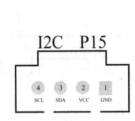

图 5-5　I2C 接口　　　　　　图 5-6　电机电源接口

驱动电机可提供最高 DC36 V，总电流 4 A 的驱动能力。当机器人行走采用双侧驱动的运行方式时，请按图 5-7 所示的标注进行连接。

(5) 扩展驱动接口。为方便外接驱动电路（步进电机或其他独立的驱动电路），主控板设置了扩展驱动控制接口。本接口可按用户需要提供多种电机驱动方式，如图 5-8 所示。

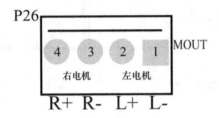
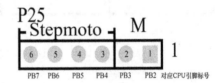

图 5-7　双侧驱动电机引线接口　　　　图 5-8　扩展电机驱动控制接口

(二) 传感器的选择

数字量传感器、I2C 接口传感器以及模拟量传感器这三种型号的传感器是依据主控板上接连对应的传感器的要求特别挑选的，从而使机器人愈加智能化。分别采用 I2C、模拟以及数字接口传感器对此三种传感器来进行展示。三种类型的传感器在以下进行简单的解释。

1. 数字接口传感器

各种开关量的传感器的检测结果均为二进制的一位数字信号，此类型的传感器均为数字量传感器，如光电传感器、红外避障传感器和超声波传感器、接触传感器、金属传感器、声控开关等。这些传感器均可配置 3 线锁紧接插头，与主控板上的三端连接插座配套。推荐使用这些传感器与主控板的 D 类接口（D0~D7）连接。若 A 类接口（（A0~A7）有空余，也可连接到 A 类接口。若 D 类和 A 类接口没有空余，再使用扩展 I/O 接口。

(1) 红外避障传感器。红外避障传感器是一种可以辨别阻挡物的传感器，可使四个方向的避障顺利完成，只要在机器人的机身上四个不一样的位置即前面和后面、左面和右面都安装一个红外线传感器，此外红外线传感器安装量可依据需求而定。红外避障模块是一种被动式红外线传感器，然而其构成是一体化接收器、石英晶体震荡器以及红外发射管。之所以能让接收器接收是因发射管把调置好的红外线信号发射，碰到阻碍物从而反射回来。输出低电平于接收器来说是在有效距离内碰到阻挡。因此了解阻碍物是否存在可通过测验接收器的输出电平。避障距离范围是 5~80 cm，让明有避障信号时其信号指示灯就会闪现。

(2) 光电传感器。光电传感器是可以识别颜色及色差的一种传感器，光电传感器可以识别不同的颜色，如深色呈现高电位（光电传感器的电位显示灭），白色呈现低电位（光电传感器的电位显示亮），利用它的这一特性，人们可以让机器人做多种动作。利用左侧和右侧的接受光强不一致，也可以让机器人走规定路线。光电传感器由辅助光源（发光二极管）、光敏电阻和比较器组成。它是基于光敏电阻原理设计的，即光敏电阻的阻值与其接收的光线强度成反比。光线越强，阻值越小。当光敏电阻接收的光强接近时，其阻值较小，与固定电阻 Rx 分压后，使比较器的同向输入端电压低于反向输入端，比较器输出低电平。通过调整电位器滑动臂的位置，即可改变比较器输出低电平时的绝对光强。滑动臂向下调，反向输入端电压降低，需要更强的光照使光敏电阻的阻值更小，才能使同向输入端电压低于反向输入端，输出低电平。反之亦然。光电传感器的缺点是受环境光影响较大，需要根据环境光线强弱的变化随时调整电位器滑臂位置，才能获得较好的效果。理想的分压点的电压低于电源电压的 1/2，在窗口比较器设定的窗口之内，两个比较器均输出高电平。当其中一个光敏电阻接收光强较强时，分压点的电压将低于电源电压的 1/2，超出比较器设定的窗口，相应的比较器输出低电平，如图 5-9 所示。

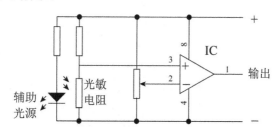

图 5-9　光电模块（绝对）示意图

2. 模拟接口传感器

模拟接口传感器主要进行一些模拟量的测量，其特征是具备线性变化，检测结果都为模拟电压信号，一定要和 A 类接口对接。CPU 可对 A 类端口输入的信号进行 A/D 转换。

(1) 模拟光电传感器用来检测场地的颜色，它可以识别各种颜色，通过主板上的 AD 口能得到不同的可以在 LED 液晶屏上显示的数值。颜色浅时数值小，颜色深时数值大。

(2) 模拟声控传感器可以运用声音来控制机器人的运动，如同机器人的耳朵。传感器由话筒、放大电路、整形电路组成。话筒接收到声音信号后通过放大、整形，得到高低电平的变化。无声时输出高电平，有声时输出低电平。

3. I2C 接口传感器

I2C 接口的传感器可作为主机和从机的主板 CPU 进行通信。由于这种型号的传感器都是配置两个I2C接口插座即可,但是主板就一个I2C插座,可通过第二个I2C接口插座继续连接。因此挑选复合寻迹传感器运用于此项目中。

为利于复杂情况的寻线检测,复合寻迹传感器并列设置了7个寻迹传感器,每路都配置有指示灯。传感器上还设置有两位DIP开关,一位用于选择I2C通信地址值,另一位用于检测黑线还是白线。使用复合寻迹传感器前,最好提前进行现场校验。

四、硬件连接设计

硬件连接划分为左右两侧两大部分,左侧机器人为各种执行机构和传感器机构,右侧为机器人主控制器示意图。

机器人控制器的结构布局图在第一层结构的右侧,主要分为4部分,包括主控电机、外接扩展电机、数字接口以及模拟接口。每个图标上都会显示单片机的引脚号,方便后续操作。需要在左侧选好机器人的各种执行机构和传感器机构,相应地会在右侧显示优先推荐的安装端口,可供选择。

(一) 执行器模块

机器人上大部分都包含有执行电机、伺服电机以及步进电机。机器人主控板上集成了直流电机驱动,无驱动端口和直流电机安装端口并排,伺服电机与步进电机能够与这些端口相接。如图5-10所示是LCD初始化以及液晶显示等内容。

图5-10 执行器模块

(二) 传感器模块

传感器机构部分涵盖的内容较多,主要分为数字传感器和模拟传感器,这两类传感器最为常见,种类和使用也较多,所以在使用这两类传感器的时候需要修改其名称,此外还包含了各种其他类型传感器,如复眼、I2C口传感器、AD中断等,如图5-11所示。

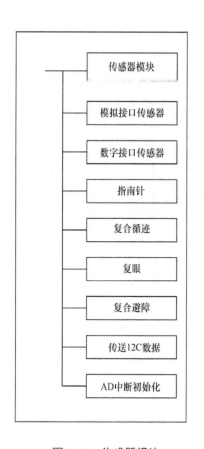

图 5-11　传感器模块

根据所选择的机器人硬件，增加了指南针、复合循迹、复眼和复合避障传感器的选项，这些选项和其他的选项有很大的区别，在底层头文件进行翻译时需要有较多的算法支持，所以需要单独列出。

1．数字接口传感器

在数字接口传感器中需要涵盖基本常见的开关量的传感器，这种类型的传感器只有两种状态，即有或者没有，所以在开发平台上将这些都归为一类，避免在左侧栏出现较长的树形列表。较为常见的数字接口类开关量的传感器，有光敏传感器、光电传感器、红外避障传感器、超声波传感器、声控传感器、色标传感器和金属传感器，这些传感器也是在我们所选的设备中包含的，如图 5-12 所示。

2．模拟接口传感器

模拟接口传感器将对模拟量进行检测的一些传感器归入同一类。比如有温度传感器、磁敏传感器、声控传感器、压力传感器、光敏传感器、光电传感器等，以上不包括不常用的部分，如图 5-13 所示。

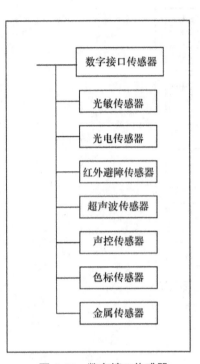

图 5-12　数字接口传感器

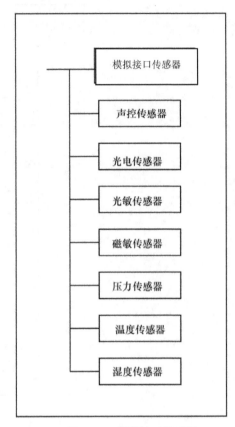

图 5-13　模拟接口传感器

第二层结构的根基是第一层结构，所以第一层结构的构建非常重要。

五、软件编程设计

(一) 内置软件模块

在完成第一层结构设计后，进入第二层结构，此时设计了几种基本的结构语句，分别为条件判断、计数循环、条件循环、DO 循环、永远循环等。增加了几种针对机器人的内置软件功能，分别为延时、声控、启动声响、停止声响等。进入到第二层结构后，优先需要考虑的问题是内置的软件个数和功能问题。经过大量的研究和探讨，根据机器人的特性和基本项目的特点，最后设计内置的软件模块内容为流程图编程内容，利用底层函数对流程图图标进行解析，转换为机器人可以执行的语句，设计的内置软件模块内容如图 5-14 所示。

(二) 子程序调用模块

子程序的调用模块尤为重要，每一个子程序都会是一个小的流程图编程软件独立存在，功能包含流程图编程的所有功能，还可以进行子程序的嵌套，这些都采用函数调用的方式进行，利用流程图管理软件进行生成，在界面设计时只需要考虑相应的摆放区域和链接即可。通过研究，子程序调用模块布局设置于左侧，数量控制在 30 个以内，如图 5-15 所示。

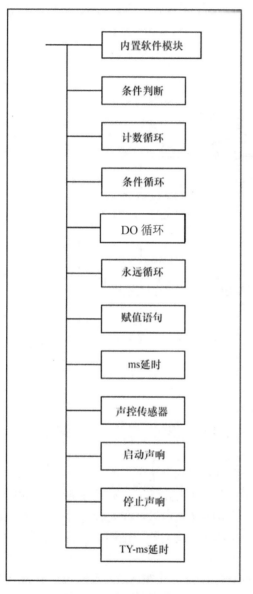

图 5-14　内置软件模块　　　　　　　图 5-15　子程序调用模块

（三）流程图编辑模块

需要考虑的第三个问题则是对流程图的编辑，通常用户对于流程图已经较为熟悉，如图 5-16 所示即为流程图的基本绘制方法。

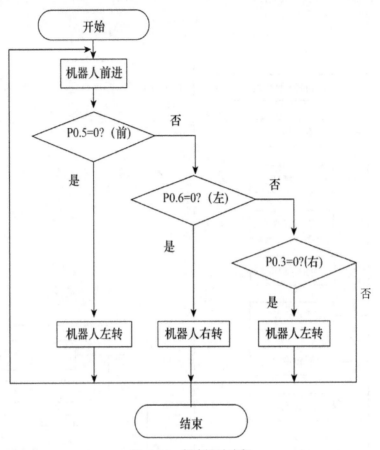

图 5-16 程序设计流程

根据相应的流程图的画法，在软件中需要制作相应的形状。为了使整个编程界面美观，还需要对各种模块形状进行配色，如图 5-17 所示。

根据相应的流程图编程图示，针对于每种流程图图标，相应地要设计一部分图标的属性功能。图标的属性功能分为几种类型，每种类型的属性大致相同，只是在底层函数中所带的形式参数不同，在流程图软件中需要根据底层函数的形式参数，在属性中显示不同的窗体内容。此属性设置为电机控制部分，可自定义文本名称，调整脉冲比例值，达到调整电机速度的功能。

(1) 条件判断模块属性编辑器。此编辑器的属性设置为条件判断，可以对它所显示的文本进行定义。

(2) 计数循环模块属性编辑器。此编辑器的属性设置为循环过程中的类型，其功能是形成计数相关的循环，可以对其所显示的文本进行修改，也可以返回变量的值，还可以选择循环的具体次数。

(3) 条件循环模块属性编辑器。此属性编辑器设置为条件循环，计数循环可以被它所替代，还可以将特定的条件设置于其中。这些表达式可以由逻辑表达式以及算术表达式共同构成，条件表达式可以为简单的，也可以为复杂的。

(4) DO 循环模块属性编辑器。此编辑器的属性设置为 DO 循环，所设置的条件类似于条件循环。

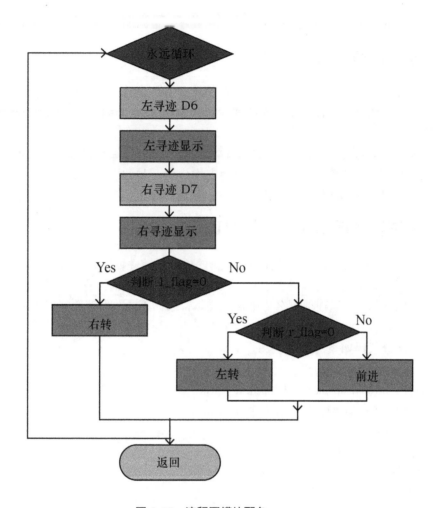

图 5-17　流程图模块配色

(5) 赋值语句模块属性编辑器。

此编辑器属性设置为赋值语句，可对变量进行赋值。

六、编译和下传设计

编译部分考虑了语法检查和提示功能，当需要编译时，先进行程序的语法检查，采用顺序查询的方式进行，利用相应的代码查询数据库中的语法规则，符合语法规则的不进行提示，如果不符合语法规则，则提示出错信息，并指示错误位置和语法缺省项。此时用户可以根据提示进行修改，当所有的语法都通过检查时进行编译，生成下载代码文件。利用 USB 口，程序将生成的代码文件下传到机器人中。

第三节　教学辅助系统的实现与测试

一、教学辅助系统支撑软件

对于所有系统编辑软件来说，支撑软件都是必不可少的，系统开发时使用 VB 编程软件，除此之外还需要使用编程管理软件支撑软件进行辅助，C 语言编程软件和流程图编程软件共同构成系统。

程序运行环境的设置和系统低层模块软件的建立是通过编程管理软件实现的。AVR GCC 对 C 语言编程软件和流程图编程软件起到支撑作用，与此同时还有 WinAvr GCC。WinAvr 20070525 为默认 GCC 版本。

二、教学辅助系统的建立及打开项目的实现

在 VB 建立的项目中，使用控件加入，新的项目用控件编写连接代码实现，这时需要鼠标事件和键盘事件。系统既可以打开已存在的工程，也可以新建工程。项目有 C 语言和流程图两种类型可以选择，可以在项目名称中输入文本，选择不同的保存路径，此部分比较容易，可以直接用 VB 中的控件完成。用连接控件来完成下一层的选择，相对来说也是比较容易的。

编写的部分代码如下：

```
Private Sub OKButton_Click()
        If opt Type(0).Value And txtPrjName.text="" Then
                Msg Box "请填写项目名称"，vbInformation
                Exit Sub
        End If
        OK=True
        Hide
End Sub
Private Sub optType_Click(Index As Integer)
        picNew.Visible=optType(0).Value
End Sub
```

完成工程的建立之后，在指定的目录下生成图形项目文件(.TYP)。图形程序的编辑和编译完成之后，会生成下载文件(.BIN)和程序文件(.TYF)。单片机能识别的代码有两种，分别是.BIN 文件和.HEX 文件。无论是图形程序，还是 C 语言程序，主程序是唯一的，子程序可以有若干个。"主程序.TYF"是主程序统一命名。所以，对每一个项目来说，要建立单独的目录，将本项目的文件存放在目录之下。

编写的部分代码如下：

```
Private Sub cmdOK_Click()
```

```
Dim FileName As String
Dim i As Integer
FileName=Text1.text
If FileName="" Then
    MsgBox "请输入文件名"
    Text1.SetFocus
    Exit Sub
End If
FileName=File Name &IIf(optType.Value，".cpp"，".h")
For i=0 To UBound(CFiles)
    If CFiles(i).frm.Caption=FileName Then
        Msg Box "有重复的文件名"
        Text1.SelStart=0
        Text1.SelLength=Len(Text1.text)
        Text1.SetFocus
        Exit Sub
    End If
Next
ReDim Preserve CFiles(UBound(CFiles)+1)
With CFiles(UBound(CFiles))
    Set .frm=New frmCode
    .frm.rtxCode.Locked=False
    .frm.Caption=FileName
    .path=FileName
    .Type=optType.Value
    If Not .Type Then
        .frm.rtxCode.text="#ifndef __"&UCase(Text1.text) &"_H__"& vb Cr Lf_
&"#define__"& UCase(Text1.text)&"_H__"& vb Cr Lf & vb Cr Lf   &"#endif"
    End If
End With
SaveProject
Unload Me
End Sub
```

三、教学辅助系统硬件连接的实现

(一) 硬件信息编辑

建立完成项目之后，就到了硬件信息的界面。硬件信息编辑窗口界面依据之前的设计，使用主控板示意界面。这一界面的绘制根据主控板的端口布局，在完成端口绘制之后，进行控件添加。这时整个界面被分成了三个部分，排列的方式是竖排，主控板示意图在中间栏，目录展开方式在左边，这时需要加入 WINDOWS 控件，编程为 MDI 容器，包括内置软件模块、执行器模块、传感器模块。相应的状态栏目显示在右边。

编写的部分代码如下：

```
Begin VB.Label lblHardware
        Back Color        =        &H00C0C0C0&
        Begin Property Font
            Name          =        "宋体"
            Size          =        9.75
            Charset       =        134
            Weight        =        400
            Underline     =        0        'False
            Italic        =        0        'False
            Strikethrough =        0        'False
        End Property
        Height            =        255
        Index             =        1
        Left              =        1320
        Tab Index         =        1
        Tool Tip Text     =        "D1"
        Top               =        1800
        Width             =        1095
    End
```

(二) 建立硬件连接

硬件信息编辑窗口界面分为左、中、右三部分，连接是通过第三个窗体进行的。左侧的图标项目被选中时，相应的中间主控板示意图部分就会推荐安装端口。红色点会出现在推荐使用端口的图标前，其他端口图标前出现黑色点，不提示不能使用的端口，这时在推荐使用端口或其他端口上进行安装。

编写的部分代码如下：

```
Public Sub PreAddHard(ID As Long)
    Dim rs As Recordset
    Dim Sql As String
    Dim AllowPort As String
    Dim PortNum As Integer
    Dim iAs Integer
```

```
        Dim jAs Integer
        EditID=ID
Sql="SELECT * FROM [MODULE] WHERE [KEY]="& ID
        Set rs=Execute(Sql)
        rs.MoveFirst
        AllowPort=rs("ALLOWPORT")
        PortNum=rs("Port Num")
        CloseCon
        For i=0 To 32
            If Not HardwareList(i).Used Then
                If HardwareList(i).ElementID>0Then
                    'lblHardware(i).Enabled=False
                    shpAllow(i).Visible=False
                ElseIf Left(lblHardware(i).ToolTipText，1)=Left(Allow Port，1) Then
                    'lblHardware(i).Enabled=True
                    shpAllow(i).Fill Color=vbRed
                    shpAllow(i).Border Color=vbRed
shpAllow(i).Visible=True
                Else If InStr(Allow Port，Left(lblHardware(i).ToolTipText，1))>0Then
                    'lblHardware(i).Enabled=True
                    shpAllow(i).FillColor=vb Black
                    shpAllow(i).BorderColor=vb Black
                    shpAllow(i).Visible=True
                Else
                    'lblHardware(i).Enabled=False
                    shpAllow(i).Visible=False
                End If
                If PortNum >1Then
                    If i+PortNum-1>32Then
                        shpAllow(i).Visible=False
                        Go To Continue
                    End If
                    If Left(lblHardware(i).ToolTipText，1)<>Left(lblHardware(i+Port Num-1). Tool Tip Text，
1) Then
                        shpAllow(i).Visible=False
                        GoTo Continue
                    End If
                    For j=1 To PortNum-1
```

```
                        If Hardware List(i+j).Used Then
                           shpAllow(i).Visible=False
                           GoTo Continue
                        End If
                     Next
        Continue:
                  End If
              End If
          Next
    End Sub
```

插座标识会出现在进行连接的时候,连接完成之后,硬件连接信息用这些标识进行记录。

选定的插座用鼠标事件单击,模块的名称会在插座中显示出来,表示模块已经和插座进行连接。连接信息包括标识和模块名称,将会在右侧的信息栏中显示。鼠标事件双击插座会将连接取消。用鼠标点击右键,会出现一个窗口,在窗口内可以对模块名称进行修改,原来的列表名称将会被更换,并且出现在之后编程界面的信息模块中。

编写的部分代码如下:

```
Private Sub lblHardware_MouseUp(Index As Integer, Button As Integer, Shift As Integer, X As Single, Y As
Single)
    Dim a As String
    If Button=2 And HardwareList(Index).Element ID > 0 Then
        a=InputBox("请输入模块的名称", Me.Caption, HardwareList(Index).Hard Name)
        If a <>"" Then
            HardwareList(Index).HardName=a
lblHardware(Index).Caption=a
frmMain.Show HardWare
            Add IIC
            SaveProject
        End If
    End If
End Sub


Private Sub lstIic_DblClick()
    lstIic_KeyDown 13, 0
End Sub
```

有些专用的插座设备会出现在机器人专用设备上,例如步进驱动、主板内置 LCD、伺服电机、外接液晶、指南针等,这就需要在界面的设计和连接之间设定这些特定端口,包括 I2C 端口和电机驱动端口。在伺服电机、步进电机、直流电机中只能使用一种作为主驱动,因此,在使用过程中要选择屏蔽状态,并行处理相应的端口,使用一种电机后,其他的就需要屏蔽掉。在主板中的内置模块，内置蜂鸣器和传感器等在硬件信息窗口中不需要出现，可以直接应用。传感器、主驱动在硬件信息界面中连接好后，接下来进入流程图界面，由于硬件信息界面中事务处理比较复杂，需要进行显示、定位和查询等，因此后面的操作要在硬件连接完成之后再进行。

编写的部分代码如下：

```
Private Sub lstIic_KeyDown(KeyCode As Integer，Shift As Integer)
    Dim i As Integer
    Dim s As String
    If lstIic.ListIndex=-1 Then Exit Sub

    Select Case KeyCode
        Case 13
            With Ⅱ CHard(lstIic.ListIndex+1)
                s=Input Box("请输入模块名称"，"IIC 器件"，.Hard Name)
                If s <>"" Then .Hard Name=s
            End With
        Case 46
            For i=lstIic.ListIndex+1 To UBound( Ⅱ CHard)-1
                Ⅱ CHard(i)= Ⅱ CHard(i+1)
            Next
            ReDim Preserve Ⅱ CHard(UBound( Ⅱ CHard)-1)
    End Select
    AddIIC
frm Main.Show Hard Ware
    Save Project
End Sub
```

四、软件编程的实现

软件编程界面由流程图编程界面、向导式语句编程界面和变量编辑界面组成。

（一）流程图编程的实现

在硬件连接完成之后，接下来就到了流程图编程界面。打开项目的时候选择流程图编程，进入到流程图编辑界面，这时候信息界面同样是三列竖排，连接好的硬件信息如果发生改变，左侧栏中的对应子图标就会发生变化。中间栏的显示是双窗口，在编辑界面中，点击左侧的图标，对应的流程图图标就会出现在编辑区。编辑窗口有三个选项卡，包括向导式编程、变量编辑和流程图开发界面。模块栏在左侧，显示执行器以及已经连接的传感器模块。没有连接的模块不会出现，在编程中用户也不能使用。

直流驱动模块和 LCD 初始化模块会衍生出若干模块，使编程更加方便，在硬件连接界面可以添加或删除传感器和执行器，修改之后可以重新回到编程页面进行编辑。

所有的内置软件模块会出现在左侧的模块栏中，这些模块用户可以随意使用，因为无关硬件连接。

编写的部分代码如下：

(1) 流程图的尺寸比显示区小。

```
If f Width<picTab.Scale Width And fHeight<picTab.ScaleHeight Then
    With picTab
        picMain.Move .ScaleLeft，.ScaleTop，.ScaleWidth，.ScaleHeight
    End With
    vspic.Visible=False
    hsPic.Visible=False
    f Left=picMain.ScaleWidth/2
    If fLeft <-GetLeft(1)+15 Then
        fLeft=-GetLeft(1)+15
    ElseIf picMain.ScaleWidth-30-GetRight(1)<fLeft Then
        fLeft=picMain.ScaleWidth-30-GetRight(1)
    End If
    f Top=10
```

(2) 流程图的尺寸比显示区长。

```
ElseIf fWidth+vspic.Width<picTab.ScaleWidth And fHeight > picTab.ScaleHeight Then
    With picTab
    vspic.Min=.ScaleTop
    vspic.Max=fHeight-.ScaleHeight+.ScaleTop
    vspic.Left=.ScaleWidth-vspic.Width+.ScaleTop
    vspic.Top=.ScaleTop
    vspic.Height=.ScaleHeight
    vspic.LargeChange=.ScaleHeight
    vspic.SmallChange=vspic.LargeChange/10
    vspic.Visible=True
    hs pic.Visible=False
    picMain.Move .ScaleLeft，.ScaleTop-vspic.Value，.ScaleWidth-vspic.Width，fHeight
        End With
        fLeft=picMain.Scale Width/2
        If fLeft <-Get Left(1)+15 Then
            fLeft=-GetLeft(1)+15
        Else If picMain.ScaleWidth-30-Get Right(1)<f Left Then
            fLeft=picMain.ScaleWidth-30-GetRight(1)
        End If
```

f Top=10

(二) 向导式语句编程的实现

向导式语句编程界面中使用与流程图软件相对应的标准 C 语言语句。在这一界面中，添加或删除语句的方式和流程图软件界面的处理方式类似。如果对结果进行修改，就会体现在流程图软件界面中。这两个界面中的内容之间是可以进行转换的。向导式编程受项目资源所限，与流程图编程相对应，不能自由编写，只可以使用项目里的资源。下面的代码就将 C 语言和流程图代码的关系展现出来。

```
Public Sub AddToTree()
    Dim n As Node
    Dim i As Integer
    Dim rs As Recordset
    Dim hasSuchHard As Boolean
    Dim ElemTotal    AsInteger

    On Error Resume Next
    For i=1 To UBound(Em)
        Unload mnuCenSub(i)
    Next
    ReDim Em(0)
    With treCtrl.Nodes
        .Clear
//添加所有数据库中的组

        Set n=.Add(,  ,  "InU",  "传感器模块",  "InU")
        Set n=.Add(,  ,  "OutU",  "执行器模块",  "OutU")
        Set n=.Add(,  ,  "CtrlU",  "内置软件模块",  "CtrlU")
//添加流程图控制模块

        If Active Form.Name="frmHardware" Then

//添加所有模块

            If DBFindData("[MODULE]") > 0 Then
                Set  rs=Execute("SELECT  *  FROM  [MODULE]  WHERE
[HARDWARE]<>0 And [IncludeByOther]=0")
                rs.MoveFirst
                Do Until rs.EOF
```

```
                Set n=.Add(rs("PARENT").Value，tvwChild，"E"& rs("KEY").Value， _
                rs("CAPTION").Value，FindModuleGrand(rs("KEY")))
                n.EnsureVisible
                rs.MoveNext
            Loop
        End If
        Close Con
    End If
    If ActiveForm.Name="frmFun" Then
```
//添加子程序调用模块
```
        Set n=.Add(，，"Fun U"，"子程序调用模块"，"Fun U")
        Set n=.Add("Fun U"，tvw Child，"E"& ElementReturn，"返回"，"Return")
        If mdlGloable Var.In PrjMode Then
            For i=1 To UBound(Functions)
                Set n=.Add("FunU"，tvw Child，"F"& i，Functions(i).frm.FunCaption，"Fun")
            Next
            n.EnsureVisible
        End If

        AddCtrl ElemTotal，    Element IF，  "条件判断"
        AddCtrl ElemTotal，    Element For，  "计数循环"
        AddCtrl ElemTotal，    Element While，"条件循环"
        AddCtrl ElemTotal，    Element Do，"Do 循环"
        AddCtrl ElemTotal，    Element While1，"永远循环"
        AddCtrl ElemTotal，    Element Let，"赋值语句"

        n.EnsureVisible
```
//添加所有模块
```
        For i=0 To 32
            If HardwareList(i).PortName <>"" Then
                Set rs=Execute("SELECT *  FROM [MODULE] WHERE [Key]="&Hardware
List(i).Element ID)
                rs.MoveFirst
                Set  n=.Add(rs("PARENT").Value，  tvwChild，  "E"&
Hardware List(i).Element ID _
                &""& Hardware List(i).Port Name， _
                HardwareList(i).HardName  &""&  HardwareList(i).PortName，
```

```
FindModuleGrand(rs("KEY")))
                    n.EnsureVisible

                    Elem Total=Elem Total+1
                    ReDim Preserve Em(ElemTotal)
                    Em(ElemTotal).ID=Hardware List(i).Element ID
                    Em(ElemTotal).Argu0=Hardware List(i).Port Name
                    Load mnuCenSub(ElemTotal)
mnuCenSub(Elem Total).Visible=True
mnuCenSub(Elem Total).Caption=Hardware List(i).Hard Name    &""&
HardwareList(i).Port Name
                    End If
            Next
For i=1 To UBound( Ⅱ CHard)
                    Set rs=Execute("SELECT * FROM [MODULE] WHERE [Key]="& Ⅱ CHard(i).Element
ID)
                    rs.MoveFirst
            Set n=.Add(rs("PARENT").Value，  tvwChild，  "E"& Ⅱ CHard(i).Element ID _
            &""& Ⅱ CHard(i).Port Name，  _
             Ⅱ CHard(i).HardName   &""&   Hardware List(i).Port Name，
FindModuleGrand(rs("KEY")))
                    n.EnsureVisible

                    ElemTotal=ElemTotal+1
                    ReDim Preserve Em(ElemTotal)
                    Em(Elem Total).ID= Ⅱ CHard(i).Element ID
                    Em(Elem Total).Argu0= Ⅱ CHard(i).PortName
                    Load mnuCenSub(ElemTotal)
                    mnuCenSub(ElemTotal).Visible=True
                    mnuCenSub(ElemTotal).Caption= Ⅱ CHard(i).HardName   &""&
Hardware List(i).PortName
            Next

            If DBFind Data("[MODULE]") > 0 Then
                Set rs=Execute("SELECT * FROM [MODULE]")
                rs.Move First
                Do Until rs.EOF
                    hasSuchHard=False
```

```
For i=0 To 32
    If rs("ParentModalID").Value=HardwareList(i).ElementID _
    And HardwareList(i).ElementID > 0 Then
        hasSuchHard=True
        Exit For
    End If
Next

For i=1 To UBound(ⅡCHard)
    If rs("ParentModalID").Value=ⅡCHard(i).ElementID _
    And rs("ParentModalID").Value > 0 Then
        hasSuchHard=True
        Exit For
    End If
Next

If has Such Hard Or Not rs("HARDWARE") Then
    Setn=.Add(rs("PARENT").Value，tvwChild，"E"& rs("KEY").Value，_
    rs("CAPTION").Value，  Find ModuleGrand(rs("KEY")))
    n.EnsureVisible

    ElemTotal=ElemTotal+1
    ReDim Preserve Em(ElemTotal)

    Em(ElemTotal).ID=rs("KEY").Value
    Load mnuCenSub(ElemTotal)
    mnuCenSub(ElemTotal).Visible=True
    mnuCenSub(ElemTotal).Caption=rs("CAPTION").Value
End If
rs.Move Next
        Loop
    End If
    Close Con
        End If
    End With
    IfElemTotal > 0 Then mnu Cen Sub(0).Visible=False
End Sub
```

(三) 变量编辑的实现

在变量编辑窗口中要想添加变量点击右键即可。用户建立子程序时，需要在变量定义位置输入函数参数。通常是在子程序编辑窗口添加，下面是编写代码的一部分：

```
Public Sub Show Vars()
    Dim t As String,    i As Integer
    lst Var.Clear
    For i=1 To UBound(Split(Element(1).Args,  "~"))
        t="参数:        "& Split(Element(-1).Args,   "~")(i)
        lst Var.Add Item t
        lst Var.Item Data(lst Var.List Count-1)=i
    Next
    For i=1 To UBound(Fun Var)
        t="局部变量: "& Var2String(Fun Var(i))
        lst Var.AddItem t
        lst Var.ItemData(lstVar.ListCount-1)=10000+i
    Next
    For i=1 To UBound(prjVar)
        t="全局变量: "& Var2String(prjVar(i))
        lstVar.AddItem t
        lstVar.ItemData(lstVar.ListCount-1)=20000+i
    Next
End Sub
```

五、流程图与 C 语言交互的实现

在内置软件模块中通过头文件与相关函数进行链接，部分内置软件还需在流程图模块中设置一些参数，可用头文件中的变量参数替代，对这些变量赋值就可以，完成链接之后，点击鼠标右键设置相应变量参数即可。

六、编译下载的实现

完成程序之后，可以对其编译。编译的方式有两种，一是直接打开编译选项卡点击"编译"，二是点击工具栏编译按钮。下部的信息栏中将会显示出编译信息。编译如果不成功，可以对编译信息进行查看，找出错误的原因。要想编译子程序，需要在被调用之后。编译成功之后生成.bin 下载文件。

编写的部分代码如下：

```
Private Sub mnuBuildBuild_Click()
    Dim Build As Boolean
```

```
        Dim Success As Boolean

        If Not RegRight Then
            Msg Box "您使用的是试用版本，无法编译",   vb Exclamation
            Exit Sub
        End If

        If InPrjMode And Not PrjType Then
            SaveProject
            If BuildCPrj Then
                MsgBox "编译成功！",   vbInformation
            Else
                MsgBox "编译失败！",   vbInformation
            End If
            Exit Sub
        End If
        If Not mdlGloable Var.In PrjMode Then Exit Sub
        If ActiveForm.Name="frm Code" Then
            If Active Form.rtx Code.Locked=False Then
                Build=BuildCFile
                If Build Then Success=BuildingSuccess
                GoTo CFileFlag1
            End If
        End If

        BuildCopyFile

        Status.Panels("Building").text="正在编译"
        Copy File
        Build=Building
        If Build Then Success=BuildingSuccess
CFile Flag1：
        Delete File
        If Build Then
            If Success Then
                Msg Box "编译成功！",   vb Information
                Status.Panels("Building").text="编译成功"
            Else
```

```
            Msg Box "编译失败！",    vb Exclamation
            Status.Panels("Building").text="编译失败"
        End If
    Else
        MsgBox"您的计算机上没有 AVRGCC 或安装不正确，不能编译！",    vbExclamation
        Status.Panels("Building").text="无编译器"
    End If
End Sub
```

七、系统测试

(1) 硬件连接部分测试。各个硬件能否在对应的推荐端口进行正确安装是硬件连接部分测试的主要内容，与此同时，相应的功能模块可以在流程图软件中产生。

(2) 内置软件模块测试。在流程图编程中，内置软件模块是执行部分，其功能是否能正常使用是这部分测试的主要内容。

(3) 子程序模块测试。在整个流程图软件中，子程序是一个小程序，可以有若干个，在不影响流程图软件运行速度的情况下可以添加多少个子程序模块是测试的主要内容[20]。

(4) 流程图可叠加程序宽度和速度测试。显卡的效果和系统的运行速度都受到流程图软件的影响，如果程序过大过长，软件的运行速度就会受到影响，因此，需要测试软件纵向、横向可以放置的图标。

八、系统实现的结果

测试之后，系统的情况良好，运行也没有问题，具有了系统功能。如今，在 C 语言课程教学中已经加入了系统教学，不仅提高了学生分析和解决问题的能力，还提升了学生的学习兴趣。下面就是系统在项目教学中的功能。

(1) 新建或打开项目。项目类型可以有两种选择，一是 C 语言，二是流程图。项目的名称可以任意建立，且不仅可以建立项目名称，还可以给项目建立新文件夹。选择 C 语言，就没有流程图系统，只能出现 C 语言编辑界面，支持 C 语言的各种语法和基本操作，不仅如此还能够下传和编译。最后可以将保存项目关闭。

要想建立流程图，选择流程图项目即可。传感器可以在硬件信息界面中进行安装，与硬件进行正确连接，可以任意修改文本。

(2) 流程图编程。在相应的位置可以根据需要放入流程图的图标。流程图的三个界面可以任意切换，包括变量编辑、向导式编程和开发界面。

(3) 流程图与 C 语言交互。C 语言内容的讲解可以与流程图一一对应。把流程图的图标加入到流程图开发界面中，相对应的 C 语言代码就会显示在向导式编辑界面中。将 C 语言模块插入到向导式编程界面中，相应的流程图图标就会显示在流程图开发界面中，子程序模块也可以顺利加入。

(4) 经过编译，可以将程序传到机器人上，对运行的结果进行观察，修改相应的语法错误。

(5) 保存项目。

本节对流程图与 C 语言交互的实现、硬件连接和软件编程的实现等系统的具体实现进行了介绍。与此同时，还对系统进行了测试，主要有内置软件模块测试、子程序模块测试、硬件连接部分测试等。在测试结果中，流程图正常、程序运行正常。

参 考 文 献

[1] 冯相忠. C 语言程序设计学习指导与实验教程[M]. 3 版. 北京：清华大学出版社, 2016.

[2] 韩立毛, 徐秀芳. C 语言程序设计教程[M]. 南京：南京大学出版社, 2013.

[3] 李春葆. 新编 C 语言习题与解析[M]. 北京：清华大学出版社, 2013.

[4] 林小茶. C 语言程序设计习题解答与上机指导[M]. 4 版. 北京：中国铁道出版社, 2016.

[5] 秦玉平, 马靖善, 王丽君. C 语言程序设计学习与实验指导[M]. 北京：清华大学出版社, 2013.

[6] 谭浩强. C 程序设计学习辅导[M]. 5 版. 北京：清华大学出版社, 2017.

[7] 王朝晖, 黄蔚. C 语言程序设计学习与实验指导. [M]. 3 版. 北京：清华大学出版社, 2016.

[8] 巫喜红, 钟秀玉. 程序设计基础(C 语言)学习辅导[M]. 2 版. 北京：清华大学出版社, 2017.

[9] 杨琴, 喻晗. C 语言程序设计：项目式教程[M]. 北京：清华大学出版社, 2018.

[10] 张冬梅, 刘远兴, 陈晶, 等. 基于 PBL 的 C 语言课程设计及学习指导[M]. 北京：清华大学出版社, 2011.

[11] 张树粹. C / C++程序设计实验与习题解析[M]. 2 版. 北京：清华大学出版社, 2012.

[12] 张亦辰. C 语言学习与实验指导[M]. 南京：河海大学出版社, 2013.

[13] 边倩, 王振铎. 基于慕课的"C 语言程序设计"课程翻转课堂教学模式的探索研究[J]. 微型电脑应用, 2018, 34(3)：35-37.

[14] 陈瑞森. 基于流程图编程的单片机软件系统开发[J]. 智能计算机与应用, 2013(4)：25-69.

[15] 付淇, 谭军. 基于多元智能理论的教育游戏教学应用初探——以高职《C 语言程序设计》课程为例[J]. 职教论坛, 2015(29)：67-70.

[16] 衡军山, 邵军, 王学军. 高等职业教育《C 语言程序设计》教材改革[J]. 承德石油高等专科学校学报, 2014, 16(1)：47-49.

[17] 黄鑫. 某高职院校 C 语言教学辅助系统设计与实现[D]. 北京：北京工业大学, 2015：25-30.

[18] 姜青山, 洪心兰. C 语言程序设计的健壮性与安全性研究[J]. 工矿自动化, 2007(5)：125-126.

[19] 李刚刚. C 语言实现可视化人机界面的有效方法[J]. 现代电子技术, 2011, 34(7)：142-144.

[20] 李丽萍. 基于 ARM 嵌入式系统的 C 语言编程初探[J]. 电子测试, 2014(13)：94-185.

[21] 刘光蓉. "C 程序设计"课程内容本体构建[J]. 电化教育研究, 2008(12)：42-45.

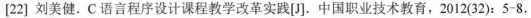

[22] 刘美健. C 语言程序设计课程教学改革实践[J]. 中国职业技术教育, 2012(32)：5-8.

[23] 米磊, 贾可荣, 赵皑. "面向学生" 的 C 语言教学方法研究与实践[J]. 计算机工程与科学, 2014, 36(Suppl. 1)：5-9.

[24] 齐亚莉. 基于工程教育理念的 "C 语言程序设计" 课程教学改革方案[J]. 北京印刷学院学报, 2017, 25(7)：102-103, 109.

[25] 秦振华, 牟永敏. 面向 C 程序的环形复杂度自动化计算方法[J]. 计算机工程, 2018, 44(12)：102-107, 114.

[26] 史红艳, 王丽丽, 褚梅. 浅谈 C 中的结构化程序设计[J]. 工会博览：理论研究, 2010(8)：84.

[27] 孙华, 于炯, 田生伟, 等.《C 语言程序设计》中循环结构的教学方法探讨[J]. 中国科技信息, 2012(8)：238.

[28] 王贵玲, 李国斌. 基于微课的混合教学模式在继续教育教学中的应用研究——以 "C 语言程序设计" 为例[J]. 无线互联科技, 2018, 15(22)：95-97.

[29] 王先超, 王春生, 胡业刚, 等. 以培养计算思维为核心的 C 程序设计探讨[J]. 计算机教育, 2013, 193(13)：48-51.

[30] 魏艳红. 简单案例在 C 语言教学中的应用[J]. 现代电子技术, 2012, 29(22)：182-183.

[31] 吴玉. "C 程序设计" 课程多元评价的研究与实现[D]. 杭州：杭州师范大学, 2010：44-50.

[32] 伍云霞, 武晓华, 王瑛. C 语言程序设计课程教学探讨[J]. 工矿自动化, 2010, 36(5)：131-132.

[33] 熊启军, 谷琼, 屈俊峰, 等. 基于微视频的 C 语言程序设计实验教学改革[J]. 实验技术与管理, 2018, 35(5)：13-16.

[34] 许秀林, 韩廷祥. C 语言程序流程图绘制系统的设计与实现[J]. 南通职业大学学报. 2013(3)：36-57.

[35] 杨理云.《C 语言程序设计》教学方法探索[J]. 中国成人教育, 2007(9)：162-163.

[36] 张开活. 基于 Web 的 C 语言交互式可视化教学平台的设计与实现[D]. 西安：西安电子科技大学, 2017：7-45.

[37] 张丽晖, 彭健, 郑小鹏, 等. 试验数据统一访问技术研究与实现[J]. 计算机仿真, 2014, 31(9)：319-322, 355.

[38] 张玉宁. 基于计算思维的程序设计类课程教学实践研究[J]. 现代电子技术, 2017(23)：170-173, 178.

[39] 赵媛, 王杰, 周立军, 等. 以计算思维为导向的 C 语言程序设计 MOOC 建设[J]. 实验技术与管理, 2018, 35(4)：147-150.

[40] 郑阳平. 新形态一体化教材建设研究：以《C 语言程序设计》为例[J]. 出版科学, 2018, 26(6)：44-47.